CAPS中伪卫星技术研究与实现

耿建平　唐先红　栾慎杰　著

西安电子科技大学出版社

内容简介

本书借鉴GPS伪卫星理论和技术，从伪卫星理论开始对CAPS中的伪卫星技术进行了探讨和研究。本书共7章，主要内容包括伪卫星概述、伪卫星设计的关键技术、伪卫星设计、伪卫星应用中的技术问题、伪卫星应用、其他待研究的相关课题及主要成果等。

本书可供导航工程、测控技术与仪器等相关领域的工程技术人员参考，也可作为高等院校相关专业研究生或高年级本科生的参考书。

图书在版编目(CIP)数据

CAPS中伪卫星技术研究与实现/耿建平，唐先红，栾慎杰著.

—西安：西安电子科技大学出版社，2012.10

ISBN 978-7-5606-2940-7

Ⅰ. ①C… Ⅱ. ①耿… ②唐… ③栾… Ⅲ. ①全球定位系统—研究 Ⅳ. ①P228.4

中国版本图书馆CIP数据核字(2012)第241599号

策　　划　邵汉平

责任编辑　王　瑛　邵汉平

出版发行　西安电子科技大学出版社(西安市太白南路2号)

电　　话　(029)88242885　88201467　　邮　　编　710071

网　　址　www.xduph.com　　电子邮箱　xdupfxb001@163.com

经　　销　新华书店

印刷单位　西安文化彩印厂

版　　次　2012年10月第1版　　2012年10月第1次印刷

开　　本　787毫米×960毫米　1/16　印　张7

字　　数　112千字

印　　数　1～1000册

定　　价　18.00元

ISBN 978-7-5606-2940-7/P

XDUP 3232001-1

前　言

卫星导航系统就是通过导航卫星为用户提供导航、定位和授时服务的应用系统。卫星导航定位可用于国家经济建设，为交通运输、气象、石油、海洋、森林防火、灾害预报、通信以及其他特殊行业提供高效的导航定位服务。卫星导航系统分为区域性的和全球性的。美国的 GPS 和俄罗斯的 GLONASS 卫星导航系统是全球性的，而中国的 COMPASS-1 则是区域性的，目前中国正在研制的 COMPASS-2 也是全球性的。

中国区域定位系统(CAPS)是利用地球同步轨道卫星实现中国区域内卫星导航定位的系统。CAPS 一期的星座结构本身有一定的局限，系统星座分布形成的几何精度衰减因子(GDOP)比较大，影响导航定位精度，而伪卫星可以用来增强卫星导航系统，改善系统性能。

本书作者在对 CAPS 中的伪卫星技术进行了比较系统的研究的基础上，设计研制了第一套直接测距的车载移动式伪卫星。本书对伪卫星中的关键技术做了较深入的探讨，主要有以下几项：

(1) 远-近问题是伪卫星设计和应用中需要首先解决的致命问题，为减轻和消除远-近问题，本书作者借鉴国外 GPS 伪卫星技术，采用时分形式的“时间分割调制(TDM)”来发射伪卫星信号，现已成功实现。

(2) 综合基带是直接测距伪卫星中的重要组成部分，是伪卫星中频调制信号生成的硬件平台。本书作者在对 CAPS 伪卫星信号体制进行电路仿真的基础上，研制了综合基带。

(3) 直接测距伪卫星需要与 CAPS 导航主控站的 CAPST(CAPS 时间)同步，因此需要精确地测量出直接测距伪卫星系统本身的时延。

(4) 对使用伪卫星辅助的 CAPS 的 DOP 和飞行器定位精度进行了仿真计算和分析，从理论上验证了伪卫星的作用。

(5) 针对伪卫星应用中存在的其他问题，如非线性问题、多径效应、对流层时延、伪卫星接收机研制等，也进行了介绍和探讨。

(6) 对伪卫星的种类和应用进行了论述，提出了可能的应用途径和方向。

本书所述研究工作是作者在中国科学院国家天文台攻读博士期间进行的，在此，谨向施浒立研究员以及参与 CAPS 项目的其他老师和朋友致以最诚挚的谢意！

由于作者水平有限，书中难免存在不妥之处，恳请广大读者批评指正。

作　者

2012 年 7 月

目　　录

第1章 引　言

导航就是将航行体从起始点引导到目的地的技术或方法。为航行体提供实时的位置信息是导航系统的基本任务。因此，导航是一种广义的动态定位。

人类最早的导航可以追溯到我国古代的四大发明之一——指南针。因为地球本身是一个大的磁体，而指南针是根据磁体“同极性相斥、异极性相吸”的特性制成的，所以指南针成为了人类的导航工具。后来出现了根据指南针原理制作的磁罗盘。

此外，人们还借助天空的恒星来进行导航，如我们熟悉的北极星(最靠近正北的方位)，这是天文导航。

20 世纪初，无线电技术的兴起，给导航技术带来了根本性的变革。人们开始使用无线电导航仪来代替磁罗盘。虽然无线电波导航定位的精度比磁罗盘的高，但其精度还不是很理想。

在第一颗人造地球卫星发射之后，人们发现可以通过人造地球卫星来进行导航定位。卫星导航定位是指由观测者通过无线电信号得到自己与卫星之间的距离，再根据卫星的位置，计算出自己所处的地理位置，进而确定自己航向的技术。

目前世界上已有的卫星导航定位系统有美国的 GPS(Global Positioning System)和俄罗斯的 GLONASS(GLObal NAvigation Satellite System)。

卫星导航定位需要有两个基准：空间基准和时间基准。空间基准是指导航卫星的位置，而时间基准是指导航系统要有一个统一的时间基准。导航卫星的位置是根据卫星的星历(描述卫星运动及其轨道的参数)计算得到的。星历由地面的监控系统测量提供。导航卫星上都配备有原子钟，这些原子钟的精度可以达到每一百万年误差不超过一秒。地面监控系统负责计算各颗导航卫星之间的钟差，使各颗导航卫星处于同一个时间标准，如 GPS 的时间标准为 GPST(GPS 时间)。

目前，欧洲已经开始建设自己的卫星导航定位系统——GALILEO，并于

2005年12月28日发射了首颗实验卫星"GIOVE-A"[1]。日本也已经开始发展自主的区域性卫星导航系统。

中国已建成的北斗一号(COMPASS-1)是一个区域性的导航定位系统，但其工作方式与GPS和GLONASS不同，只需两颗卫星便可定位，而且是主动定位模式。中国目前正在准备建设新一代的全球卫星导航定位系统。

1.1 背 景

由上述内容可知，美国的GPS和俄罗斯的GLONASS，包括欧洲正在建设的GALILEO，这些卫星导航系统都需要发射专门的携带原子钟的导航卫星。导航定位所需的测距码和导航电文都是在导航卫星上产生的。导航卫星上原子钟之间的同步由地面的监控系统来完成。

2002年11月初，中国科学院国家天文台台长艾国祥等人提出了建设中国区域定位系统(China Area Positioning System，CAPS)的基本设想。CAPS是一种转发式卫星导航定位系统，其创新点就是利用地球同步轨道(GEO)卫星转发测距码和导航电文的方式来实现导航定位[2,3]。通过一段时间的努力，CAPS研制成功，并于2005年5月通过全国六城市联测后，由中国人民解放军总装备部、中华人民共和国科学技术部和中国科学院验收。下面对CAPS作简单介绍。

1.1.1 CAPS的组成

在CAPS中，作为导航频率基准和时间基准的原子钟是安置在地面的导航主控站的，因此不用发射专门的导航卫星，可以利用空间现有的卫星资源，大大减少了空间投资。导航定位所需的测距码和导航电文在地面导航主控站生成，然后上行发送给地球同步轨道卫星，信号经卫星转发器向用户播发，所以具有很大的灵活性。如信号链路体制设计中编码变换容易、方便，使用的频率也可以变换，即可实现转星、变频、换码，甚至可以采用信号寄生在其他卫星和其他使用频段上的做法，这些对军事应用都特别重要。

与GPS类似，CAPS也由星座段、地面控制段和用户段三部分组成，如图1.1所示。

星座段包含三种类型的定位测距源：地球同步轨道(GEO)卫星(卫星的载波频率在C波段，这是因为C波段的信号受天气影响小，可用的卫星及转发器数目比较多)、倾斜同步轨道卫星、伪卫星。

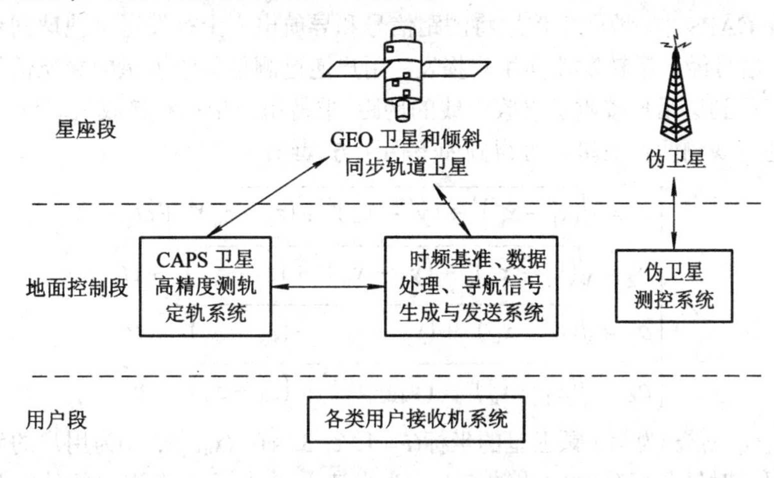

图 1.1　CAPS 的组成

地面控制段主要包括伪卫星测控系统，CAPS 卫星高精度测轨定轨系统，时频基准、数据处理、导航信号生成与发送系统。

用户段为各类用户接收机系统。通过伪码扩频技术，可以实现接收机系统的小型化[3]。

1.1.2　CAPS 导航定位原理

CAPS 的工作原理与 GPS 的基本类似，都是采用码分多址(CDMA)的信号体制和时间差(时延)测量方法。CAPS 的工作方式与 GPS 的一样，都为被动式。

卫星导航以空间卫星的位置和统一的时间标准作为测量基准，通过测量电磁波从卫星至用户的时间差来实现距离测量，进而得出用户的位置。用户使用三边汇交原理来确定其所在位置，即若有三颗卫星同时作为空间位置基准，同时测得三颗卫星至用户的距离，则以这三段距离为半径，以三颗卫星瞬时的位置为圆心，所作的三个球面的几何交点便是用户所处的位置。由于用户接收机不可能也不允许配备高精度的原子钟，只能采用高稳定度的晶振，也就是说，用户段的时钟与卫星上的高精度原子钟存在一个时钟偏差 t_u，因此若把时钟偏差 t_u 作为一个未知数求解，则可以实现时间差的精确度量，但前提是要增加一颗观测卫星。因此，用户接收机通过观测四颗卫星得到四个测量方程便可确定用户的位置(x_u, y_u, z_u)及用户接收机的时钟偏差 t_u[4]。

实际上，由于各种误差的影响，如大气延迟、电离层延迟和接收机内部时间的变化，使测量的从卫星至用户之间的时延并不与几何距离精确地成正比，因此称为伪距测量。

在 CAPS 中，地面主控站将测距信号和导航电文上行发送给地球同步轨道卫星，信号经卫星转发器向用户播发，用户通过测量各颗卫星的导航信号从转发器下行到达用户接收机接收天线的伪距，求得用户坐标和接收机时钟偏差 t_u。

通过观测四颗卫星，可得到如下伪距方程组：

$$\begin{cases} \rho_1 = \sqrt{(x_1 - x_u)^2 + (y_1 - y_u)^2 + (z_1 - z_u)^2} + ct_u \\ \rho_2 = \sqrt{(x_2 - x_u)^2 + (y_2 - y_u)^2 + (z_2 - z_u)^2} + ct_u \\ \rho_3 = \sqrt{(x_3 - x_u)^2 + (y_3 - y_u)^2 + (z_3 - z_u)^2} + ct_u \\ \rho_4 = \sqrt{(x_4 - x_u)^2 + (y_4 - y_u)^2 + (z_4 - z_u)^2} + ct_u \end{cases}$$

其中：(x_i, y_i, z_i)为第 i 颗卫星的坐标$(i = 1, 2, 3, 4)$；(x_u, y_u, z_u)为用户的坐标；t_u 为用户时钟与标准时钟的钟差；c 为光速；ρ_i 为第 i 颗卫星的伪距测量值$(i = 1, 2, 3, 4)$。

解此方程组便可得到用户的位置(x_u, y_u, z_u)和接收机的时钟偏差 t_u。

在解此方程组时，先要进行线性化处理，然后进行迭代求解。如果四颗卫星都是位于赤道面上的同步卫星，则方程组接近奇异，不能得到正确的解。因此，进行三维定位时不能全部采用地球同步轨道卫星，还要加上其他条件才可以。

在 CAPS 中，卫星上不携带原子钟。根据伪距法来定位时，所需要的卫星发射信号的钟面时(某历元下行信号从卫星转发器发出时刻的读数)由地面导航主控站对监测数据作技术处理后间接给出(这就是所谓的虚拟原子钟技术)，并不影响卫星作为测距源。

即使对于 GPS 这样相当成功的卫星导航定位系统来说，在没有任何辅助的情况下也很难达到很高的精度。如果使用差分，则对于广域差分 GPS 卫星的星座结构配置方案，一旦有一颗卫星发生故障，或者由于某种原因接收不到 GPS 信号，星座结构配置不当的局限将会更加突出[5]。对可用性要求更高的航空用户，为了保证 GPS 在一些特定地区作为特殊用途时的精确性和可靠性，也不是仅仅依靠 GPS 才能完成的。这些问题都可以通过在适当的位置放置伪卫星来解决。

而对于 CAPS 本身，其自身特点决定了星座结构上有较大的局限。在 CAPS 一期尚不能发射倾斜同步轨道卫星的情况下，可以使用放置在地面上的伪卫星，以改进地球同步轨道卫星在星座上的不足，改善几何精度衰减因子(GDOP)

值。为此，本书对 CAPS 中的伪卫星技术进行探讨。

1.2 GPS 伪卫星技术发展概述

伪卫星的概念在1976年就已经被提出来了。伪卫星最初设计用于试验GPS的用户设备[6]。但是在过去的二三十年中，提出了各种伪卫星概念，并研制出了用于各种定位和导航应用的新的伪卫星硬件。伪卫星能够改善系统性能，提高了定位解的可用性和精度，可以用做卫星定位系统的增强工具。此外，单独使用伪卫星的定位系统也是可能的。当 GPS 卫星信号不可用时，如在地下、矿坑和室内等情况下，可以用伪卫星取代 GPS 卫星星座。GPS 的广泛应用促进了伪卫星技术的飞速发展。国外对 GPS 中伪卫星的运用研究得比较多。关于伪卫星的概念和理论等方面的详细情况，将在第 2 章中讲述，这里只简要回顾卫星导航中一些伪卫星方面的工作。

伪卫星(即 GPS 信号地基发射机)最初是用来模拟 GPS 卫星星座来对整个 GPS 系统进行测试的。当时在第一颗 GPS 卫星发射之前，曾在美国的尤马测试场的沙漠中使用放置在地面上的伪卫星来对 GPS 概念进行试验[6]。

美国的 Beser、Parking 和 Klein 最早提出伪卫星可以用于 GPS，并对伪卫星用于定位和导航进行了讨论[7]。他们指出伪卫星可以提高 GPS 的可用性，并可以应用在一些如航空导航等重要场合，用来改善导航的可用性和如航空等关键应用系统布局的几何特性，通过提高精度、完善性和可用性来增强 GPS 系统的功能。伪卫星通过提供一个额外的测距源，可以增大卫星的覆盖面积，改善导航的星座配置，即使当某颗卫星工作不健康或由于其他原因造成几何配置不良时，仍能够获得优良的导航性能。此外，即使没有卫星失效，伪卫星提供的额外测距信号也可以对 GPS 进行增强。从那以后，人们提出了许多伪卫星辅助增强系统，进而提出了远-近问题和解决远-近问题的短脉冲方法。

美国斯坦福大学的博士生 H.Steward Cobb 等人对使用伪卫星进行初始化的具有厘米级精度的 CDGPS 导航系统进行了研究。使用伪卫星可使星座分布的几何图形快速地改变，可以使 CDGPS 在很短的时间内解算出整周模糊度。此外，他们还提出了简单伪卫星、移动伪卫星、同步伪卫星和机场伪卫星的概念，并对 GPS 伪卫星的理论、设计和应用进行了详细的阐述[8]。

伪卫星不仅仅是用来辅助和增强卫星导航的，而且可以单独使用来进行局部的导航，如室内导航、矿井导航等。因此，出现了许多基于伪卫星的定位应用，以及 GPS 与伪卫星的组合导航定位应用。

最初的伪卫星的信号发射类似 GPS 卫星发射的信号，而后来发射的信号则是与具体应用相关的信号。

脉冲可以增加远-近比，因此可以增大伪卫星的工作区域。常规方法是使用固定的低占空比的高频率脉冲。更复杂的脉冲方案是使用 Spilker 提出的频谱分裂的脉冲技术，该技术可以极大地减少与卫星信号的互相关，同时还可以改善对军事频谱的保护[9]。

将伪卫星的中心频率放在卫星信号频谱的零点可以减少与卫星信号的互相关；使用脉冲可以减轻远-近问题；提高数据速率可以允许传输差分校正量，消除了额外的数据链路。

Le Master 等人对使用伪卫星收发器(发射和接收 GPS 信号)来定位进行了研究[10]。他们设计了一个可以自校准的伪卫星阵(SCPA)[11]，这个伪卫星阵可以自主确定出每个收发器的位置，并进而确定出该伪卫星阵中载体的位置。

Hung Kyu Lee 和 Jinling Wang 等人对 GPS 和伪卫星以及惯性导航的组合应用的概念进行了探讨并做了一些初步测试[12]。

1986 年，海事服务无线电技术委员会(RTCM)对伪卫星进行了定义[13]。伪卫星可以接收 GPS 卫星信号，计算伪距和伪距变化率的校正量，并将这些校正量以 50 b/s 的速率在 L 波段上发射。此外，伪卫星发射的信号应当是类 GPS 信号，并且不干扰 GPS 和其他设备。RTCM 委员会 SC-104(差分导航星 GPS 服务的建议标准(Recommended Standards for Differential NAVSTAR GPS Service))为伪卫星历书指定了第 8 类型的导航电文，包括位置、码型和伪卫星的健康信息。根据实验和应用情况，伪卫星随后得到了进一步的完善。伪卫星被视为 GPS 信号发射机和差分 GPS 距离改正的数据链路。然而，在那时研制由 RTCM 定义的伪卫星样机是比较昂贵的，价格大约为十万至二十万美元。

在过去的二三十年中，随着伪卫星技术和 GPS 用户设备不断被研制出来，伪卫星可以在许多应用中用来增强可用性、可靠性、完好性和精度，如飞机着陆(1997 年 Holden 和 Morely[14])、变形监测(2000 年和 2001 年 Dail 等人[15])、火星探险(Le Master 和 Rock[16])、精密进场和其他应用(1996 年 Barltrop 等人[17]，1998 年 Weiser[18]，2000 年 Wang 等人[19]，1999 年 Stone 和 Powell[20]，1999 年 Keefe 等人[21])。最著名的伪卫星应用是航空中的精密进场和着陆。在这些应用中，伪卫星提供的测距信号可对导航解的完好性进行额外检查。此外，伪卫星和用户之间几何形状的快速变化可以加速载波相位整周模糊度的解算，这是精密导航中的一个重要先决条件。Cohen 等人已经研制了一种基于运动的模糊度解算方法，并对其进行了实验[22]。

在GPS研制阶段开发的伪卫星概念在当今GPS的现代化中又被重新使用。

20世纪90年代早期，美国斯坦福大学的研究人员研制出了一种费用低廉的用于飞机III类自动着陆系统的GPS L1 C/A码伪卫星。在过去的十几年中，市场上已有商用伪卫星硬件产品。90年代中期，美国IntergrilNautics公司(现在叫做Novariant公司，是由H.Steward Cobb与其他几个人在硅谷创办的一家专门制作伪卫星产品的公司)制造了第一个商用伪卫星硬件产品。2004年，Novariant公司开发出了一个多频率的伪卫星 Terralite™。Terralite™ 使用了三个频率L1、L2和XPS(第三个专用信号)。Novariant公司主要专注于特殊的重工业，如采矿行业。虽然Novariant公司已经宣布要申请许可证，但是却还没有关于XPS信号的频率和结构信息。2001年，另一个制造商Navicom公司推出了新的伪卫星产品 NGS1T。芬兰正在研制另外一种用于室内跟踪和导航服务的伪卫星产品。这些伪卫星可以通过编程或事先调整在 1575.42 MHz 频率(GPS L1频率)上广播任何一种GPS Gold码(如PRN1～PRN37)。某种类型的GPS信号发生器(如Stanford电信的7201宽带信号发生器)和GPS模拟器可配置为在L1频率上发射类GPS C/A码信号。因此，这些GPS信号发生器或模拟器实质上可以用做伪卫星。

理论上，伪卫星可以在与GPS频率不同的频率上发射测距信号，就像GLONASS那样。澳大利亚的CSIRO电信和工业物理公司(Industrial Physics)目前正在研制一种使用ISM波段的高精度定位系统(PLS)。Zimmerman等人提出了一种使用5个频率(2个在900 MHz的ISM波段，2个在2.4 GHz的ISM波段，1个为GPS L1频率)的伪卫星设计。这种多频率伪卫星的优点是可以瞬时解算出载波整周模糊度，这是因为从这些频率中可以得到冗余测量和额外的宽巷观测量[23]。

在过去的几年中，人们已经提出了新的伪卫星硬件设计。一些例子如下：

(1) 为了在单点定位中使用伪卫星信号，必须将伪卫星的测距信号同步到GPS信号。这种伪卫星叫做同步伪卫星。

(2) Le Master和Rock于1999年提出了一种伪卫星用于火星探测的方法[11]。设计的火星伪卫星阵可以为探测车提供厘米级精度的位置和高度信息。这种高精度的导航能力也是未来宇航员或机器人探测火星的一个关键技术需求。为了实现如Le Master和Rock提出的火星伪卫星阵导航系统，设计了可以在GPS L1/L2或其他频率上能够接收和发射测距信号的伪卫星。这种类型的伪卫星能够互相“交换”信号，自主确定伪卫星阵的几何形状。这些伪卫星叫做收发器。Stone等人对收发器的应用进行了评论。

(3) 伪卫星可以安装在同温层平台上来广播测距信号和 GPS、GLONASS 和 GALILEO 系统的差分校正量。这种伪卫星叫做同温层伪卫星(Stratolite)[24]。

目前，大多数伪卫星在 GPS L1 或 L2 频率(1227.6 MHz)上发射类 GPS 信号。使用这种配置，标准的 GPS 接收机对软件修改后就可以用来跟踪伪卫星信号。目前，Novtel 公司的 Millennium GPS 接收机和加拿大马可尼(Marconi)公司的 Allstar GPS 接收机可以跟踪伪卫星信号。此外，某些 GPS 接收机开发工具含有软件的源代码，可以针对具体的伪卫星应用进行修改，如 Mitel 公司(现在为 Zarlink 公司)设计的 12 通道 GPS 接收机的开发工具[23]。

第 2 章 伪卫星概述

伪卫星(PseudoLite，PL)可理解为“假的卫星”，因为它不是真的卫星(真的卫星一般是位于太空中的)。

伪卫星的使用比 GPS 还要早，并且可以用来对卫星导航系统起增强辅助作用。本章将对伪卫星的由来、作用和分类进行详细阐述。

2.1 伪卫星的由来

伪卫星的出现可追溯到美国的全球定位系统——GPS 卫星上天之前。1976 年，在美国的尤马测试场的沙漠中，使用了一些用太阳能供电的地基发射机来模拟 GPS 卫星组成 GPS 星座，对 GPS 用户设备(GPS 接收机)进行实验。这些地基发射机就是所谓的伪卫星。对 GPS 接收机来说，这些伪卫星所提供的几何关系与实际的 GPS 卫星相近，只是信号来自负仰角方向。这样，在发射 GPS 卫星之前，就能验证用户设备能否与卫星发射机协同工作，从而加快 GPS 的实验进度。之所以把这些地基发射机叫做伪卫星，是因为它们在这里用来替代 GPS 卫星，发射的信号与 GPS 卫星的信号(GPS L1 信号)一样(导航电文与 GPS 卫星的导航电文不同。事实上，伪卫星只发射伪卫星位置的固定坐标，卫星导航电文的其他部分不适用于伪卫星)，且相互之间保持同步，但却位于地面上。需要说明的是，这里伪卫星发射的信号与 GPS 卫星的信号一样，但是后来在伪卫星的一些应用中，由于一些原因，伪卫星的信号并不是与 GPS 卫星的信号完全一样，即发射的是类 GPS 信号。从那时起，提出了许多关于伪卫星其他用途的概念。我们一般把发射 GPS 信号或类 GPS 信号的伪卫星简称为伪卫星。

实质上，GPS 伪卫星就是发射类 GPS 信号的信号发生器。如果伪卫星发射的导航电文与 GPS 卫星发射的导航电文不同，那么通常要对 GPS 接收机进行修改，以保证 GPS 接收机能够正确地接收伪卫星发射的导航电文。伪卫星可以自己生成信号发射，也可以转发从卫星接收的信号。

虽然最初的伪卫星概念是指地基发射机，但从广义上讲，任何可以增强卫星导航系统的装置都可以称为伪卫星。现在我们可以把空基发射机、天基发射机称为伪卫星，还可以把一些辅助导航定位用的传感器也称为伪卫星，如气压高度计等。

2.2 伪卫星的作用

伪卫星导航系统中配置伪卫星主要有三个作用：提高精度、改善完好性和可用性。

1. 提高精度

对于一个卫星导航系统来说，应该有一个最佳的卫星星座布局。GDOP(几何精度衰减因子)表示仅仅由于卫星相对位置而引起的计算的位置精度的下降影响因子。用户的伪距测量误差与用户定位精度的关系是通过 GDOP 来描述的。GDOP 的不同分量表示不同方向上的精度下降影响因子，如水平精度因子(HDOP)、垂直精度因子(VDOP)、位置精度因子(PDOP)和时间精度因子(TDOP)。通常用测距精度乘以 GDOP 来估计定位精度。好的 GDOP(GDOP 值小)通常意味着卫星分布比较分散，且具有非常低的仰角。但是低的仰角会引起比较高的对流层和电离层时延与多径效应。因此，要达到最佳测量精度，就要对 GDOP 和截止角进行折中[25]。

因为所有的 GPS 轨道面的倾角为 55°，所以卫星的覆盖范围是观测站纬度的一个函数。仿真结果表明，当前卫星星座分布在低纬度地区是均匀的，在中高纬度地区是不均匀的，北面天空只能观测接近于天顶或水平方向的卫星。也就是说，在高纬度地区，GPS 卫星几何形状不好，这说明 GDOP 不是很好。众所周知，使用目前的 GPS 卫星星座进行定位的垂直方向的精度比水平方向的精度差 2～3 倍。计算表明，在高纬度地区，南北方向的精度会下降到与高度相同的精度。

在某些地方适当地放置伪卫星，可增强卫星定位系统的几何形状，从而提高系统的精度。

伪卫星对飞机应用的一个好处是能明显地改善垂直位置精度。从飞行的飞机上看，卫星总是在飞机所处的水平面之上，而伪卫星则在下面，伪卫星的信号来自负仰角。因此，如果导航计算时增加一个伪卫星信号，则将减小 VDOP，从而可以提高垂直位置的精度，能为飞机提供精密进场的能力。如果伪卫星放置适当，那么精度可以改善两倍或更多。对飞机来说，垂直方向的位置精度最为重要。因此，垂直精度的改善具有重要的意义。

2. 改善完好性

伪卫星提供的额外的测距信号非常有用，尤其是在有特殊要求(如飞机进场和着陆)的 GPS 应用场合更有意义。每个额外的伪卫星信号都可以使用户在缺少一个卫星信号的情况下仍能进行基本的导航、故障隔离。如果没有伪卫星信号，想要完成上述功能就不能缺少这个卫星信号。在正常星座不能提供足够连续性的区域，这种能力是有价值的，在一个或更多个卫星信号失效时就更有价值。因为卫星和伪卫星是两个完全分离的系统，由不同的系统控制运行，所以卫星和伪卫星共同失效的可能性极小[8]。

接收机通过使用自主完好性监测(RAIM)来监测系统的完好性。在 RAIM 算法中，额外的伪距可使接收机通过监测最小平方根残差检测到许多导航误差。

3. 改善可用性

由于 GPS 卫星数量受到限制，因此在某些地方卫星的轨道不便于导航。额外的 GPS 信号可以增强 GPS 星座，改善未经辅助的 GPS 导航系统的可用性和精度。通过发射其他 GPS 卫星来提供这些额外的 GPS 信号是困难的。但如果导航服务区域小，则添加伪卫星是很容易办到的。因为伪卫星可以放在那些卫星信号可能会受到遮挡的区域，如在城市的高楼大厦中、隧道里。

GPS 本身也没有被认为是主要的民用系统，因为 GPS 在单独使用时的可用性和完好性都不够高。GPS 星座预定的可用性是 98%，这对主要的导航系统来说是不够的。加之，接收机自主完好性检测的可用性明显低于 98%。但是，在用户设备中把 GPS 与伪卫星结合起来，可显著地改善位置解的可用性和完好性，并提高接收机自主故障检测和隔离能力。当然，在 GPS 的覆盖能力较差的地区和时刻，这种提高尤为明显。

关于伪卫星详细的用途将在第 6 章中讲述。

2.3 CAPS 伪卫星

在 CAPS 中，同样可以使用伪卫星，只不过伪卫星发射的是类 CAPS 信号，即 C 波段的测距码和导航电文(因为 CAPS 是使用 C 波段发射测距码和导航电文的)。在 CAPS 中使用的伪卫星叫做 CAPS 伪卫星。

中国目前的北斗一号导航系统使用伪卫星来进行增强。对于 CAPS 来说，伪卫星同样可以起到前述三个作用，但是提高精度却显得尤为重要。

CAPS 是使用地球同步轨道卫星来进行导航定位的，但是由于地球同步轨道卫星都位于赤道上空，在星座结构上有局限，卫星只在东西方向上拉开，而在南北方向上拉开距离很小，也就是纬度方向的定位精度不高，即 CPAS 的 GDOP 值不理想，系统定位精度不高。因此，需要发射倾斜同步轨道卫星来弥补这个缺陷。由于 CAPS 一期工程中还没有发射倾斜同步轨道卫星，在尚不能发射倾斜同步轨道卫星前，为了验证和展现利用同步轨道卫星资源来实现中国区域范围的卫星导航定位的完整性能，可先采用设置在地面的伪卫星方案，以改进同步轨道卫星在星座上的不足，即改善 GDOP 值[1]。

2.4 伪卫星的分类

1. 按放置位置分类

根据伪卫星放置的位置，可将伪卫星分为以下几种：

(1) 地基伪卫星：放在地面上的伪卫星。

(2) 空基伪卫星：放在空中的伪卫星(如，放在无人飞机上，叫做机载伪卫星；放在同温层平台上，叫做同温层伪卫星)。

(3) 舰载伪卫星：放在舰船上的伪卫星。

2. 按使用目的分类

按照使用目的来分，可将伪卫星分为以下几种：

(1) 试验伪卫星：指用来对导航系统概念和用户设备进行试验的伪卫星，不用做实际导航定位使用。在卫星未发射前，利用伪卫星模拟卫星发射导航信号进行模拟，以得到导航系统中某些系统性能验证。前面介绍的在美国的尤马测试场的沙漠中，就是使用这种伪卫星来模拟 GPS 卫星的。

试验伪卫星和空间卫星相比，在发射工作频率、导航信号格式等方面完全相同。接收机除天线外，不需作特殊考虑，只是对用户使用来讲，由于接收信号为负仰角接收，对接收机天线的设计需作特殊考虑。

(2) 实用伪卫星：指结合卫星导航定位系统或单独使用来为用户进行导航的伪卫星。实用伪卫星作为卫星导航系统的一个组成部分，可以改善局域导航性能，提高局域导航系统定位精度、完善性和可用性。

实用伪卫星的技术特点如下：

① 选用较理想的位置，以利形成较好的几何精度衰减因子(GDOP)。

② 同空中导航卫星工作于同一频率，便于接收；或略低于空中卫星工作频率(在接收机可接收带宽内)，以利于减少对其他导航卫星信号的干扰。

③ 从增加新导航信息和接收机抗干扰方面考虑，对导航电文内容和信号组成格式进行另行设计。

④ 用户接收机对信号接收处理方法需作特殊考虑，导航电文数据纳入系统数据进行综合处理。

3. 按工作原理分类

根据伪卫星的构成或工作原理，可将伪卫星分为直接测距伪卫星、移动伪卫星、数据链路伪卫星和同步伪卫星(转发式伪卫星)[8]。

2.5 直接测距伪卫星

直接测距伪卫星是一种完全陆基卫星，它是最早的伪卫星应用技术。它采用与卫星信号一样的定时方法产生码相位、载波相位和数据，电文格式也基本类似。唯一不同的是，在导航电文中伪卫星的位置必须使用地理学参数，而不是卫星使用的轨道参数来表示。接收机只是简单地将伪卫星信号作为一个额外的卫星，也就是将伪卫星看做卫星一样的一个测距源。接收机对伪卫星和卫星信号采用相同的测距方法和算法。直接测距伪卫星自己生成导航电文和测距信号，如图 2.1 所示。

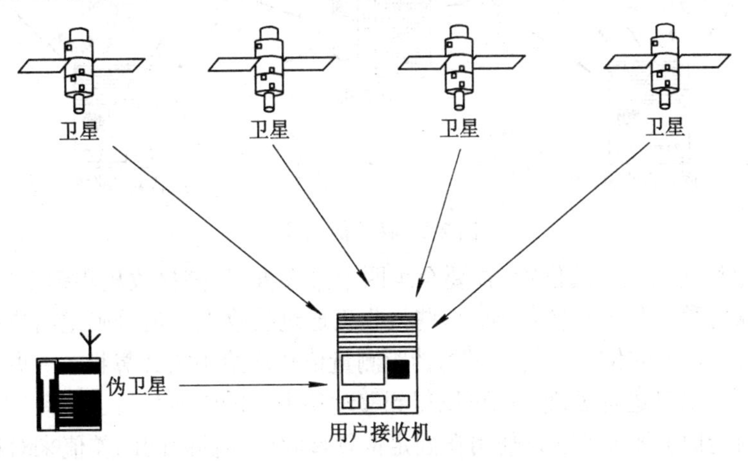

图 2.1 直接测距伪卫星

直接测距伪卫星要求伪卫星的时钟精度应该与卫星时钟精度可比拟。实际中，这意味着伪卫星必须采用稳定度较高的原子钟，以使伪卫星信号与卫星信号保持发射同步。伪卫星的时钟必须稳定在每天几个纳秒之内。

2.6 移动伪卫星

通常，卫星定位靠一个接收机接收由多颗卫星或伪卫星发射的信号来确定接收机的位置。但也可以将发射机和接收机的角色反过来，使用一组接收机来确定发射机(伪卫星)的位置，我们称之为移动伪卫星或倒伪卫星定位系统[8]，如图2.2所示。

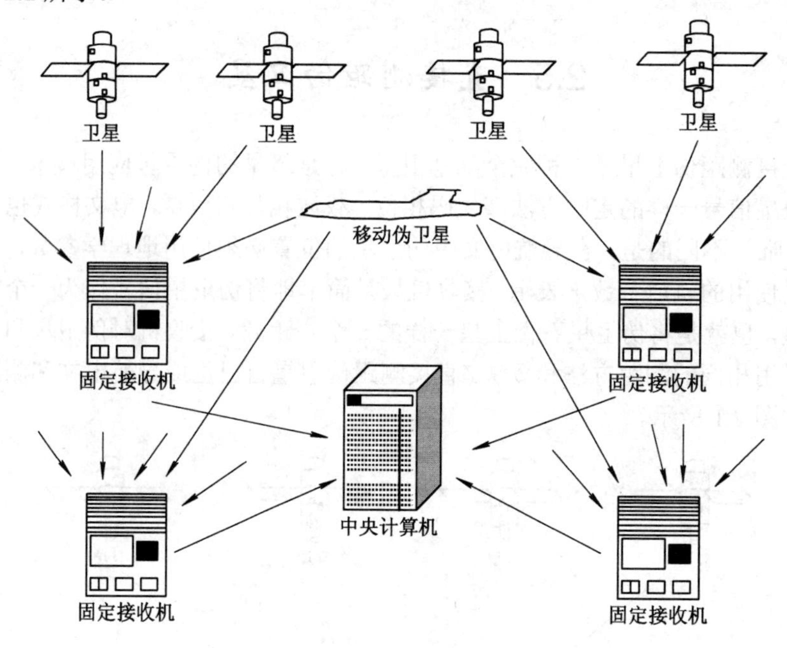

图2.2 移动伪卫星

确定移动伪卫星的位置，需要至少四个接收机。这些接收机跟踪卫星信号，同时也跟踪移动伪卫星的信号。这些接收机通过接收卫星信号确定出自己的位置，然后将自身的位置和伪卫星的伪距测量值传送给中央计算机，中央计算机将接收到的信号进行处理，就可以得到移动伪卫星的瞬时位置。移动伪卫星信号的绝对定时并不重要，只使用在固定位置接收到的伪距间的差值来对移动伪卫星进行导航；也可以使用与正常的导航相类似的算法，将移动伪卫星的时钟偏差作为未知数求出来。因此，移动伪卫星不需要精密时钟。

2.7　数据链路伪卫星

由于各种因素的影响，接收机测量的卫星信号中包含许多误差。其中一些是：卫星钟误差、卫星位置误差、卫星信号通过大气电离层和对流层时引起的时延误差和靠近接收机附近物体的多径误差。除多径误差外，所有这些误差都是空间相关的。也就是说，在方圆几百千米的范围内，上述大部分误差对所有接收机都是一样的。安放在精确已知位置上的接收机可以测量出这些误差，将这些误差进行校正，并将校正量广播给附近的其他接收机。这种技术叫做差分技术，它将卫星信号空间相关误差减小到可以忽略的水平。

在一个位置已知的固定点安装一个接收机，把这个位置已知的固定点叫做参考站。参考站接收机通过观测卫星测量出参考站的位置，然后与真实位置比较，得到差分校正值，之后参考站把这些差分校正信息发送给附近的用户接收机。用户接收机使用导航算法得到自己的位置后，将参考站发送的差分校正信息添加到测量值中，这样就可以将两个接收机(参考站接收机和用户接收机)相同的误差在这个过程中消除。其他如电离层和对流层时延的空间相关误差用此方法也可在一定程度上予以消除；再如，多径效应和接收机噪声的不相关误差直接进入到了用户的导航误差中，但高质量的参考站接收机可使这些误差减到最小。

由于参考站要将差分校正信息发给用户接收机，因此需要一条数据链路来发送这些信息。一种比较有吸引力的办法是使用伪卫星，这种伪卫星因为是作为数据链路使用的，所以叫做数据链路伪卫星，如图 2.3 所示。

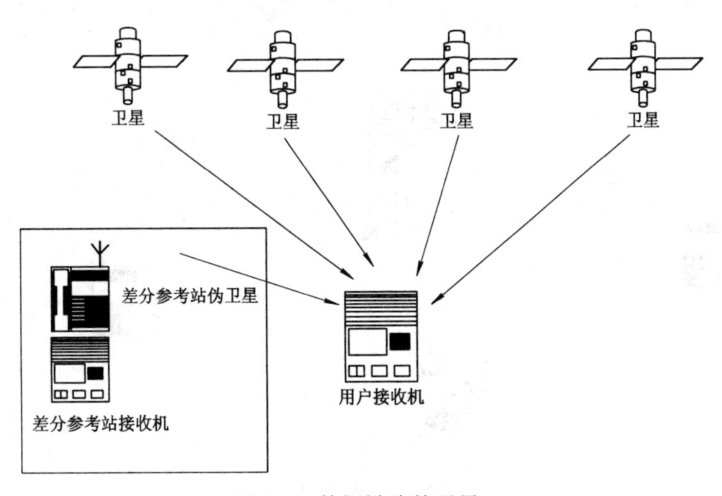

图 2.3　数据链路伪卫星

伪卫星可以与卫星发送导航数据相同的方式将任何数字数据发送给用户接收机。因为用户接收机中已经有接收和解调数据信号所需的所有硬件，只需将软件升级即可，因此这种方案很有吸引力。

作为单独用来发射数据的数据链路伪卫星不需要绝对的定时信息，因此这种伪卫星使用精度只为百分之几的普通石英晶振就可以了[8]。

2.8 同步伪卫星

前面介绍的伪卫星是自己从零开始重新生成导航电文和测距信号的，但是伪卫星也可以转发从卫星接收到的卫星信号，这时伪卫星的功能就像一面电子镜，从地面上的一个已知点将卫星信号反射给用户。用户接收机从伪卫星反射的信号中减去直接来自卫星的信号来计算伪距测量值。同样，通过相减，卫星信号中与空间相关的误差能够尽可能地被消除。用户接收机可以同时测量直接来自卫星信号的伪距和从地面上的一个已知点处的同步伪卫星反射的同样信号的伪距。将这两个伪距测量值相减就得到了差分伪距的测量值，其中只含有与空间不相关的误差：多径效应、接收机噪声、大气电离层与对流层误差项。如果伪卫星的发射信号同步于接收的卫星信号，则将其称为同步伪卫星[8]，如图 2.4 所示。

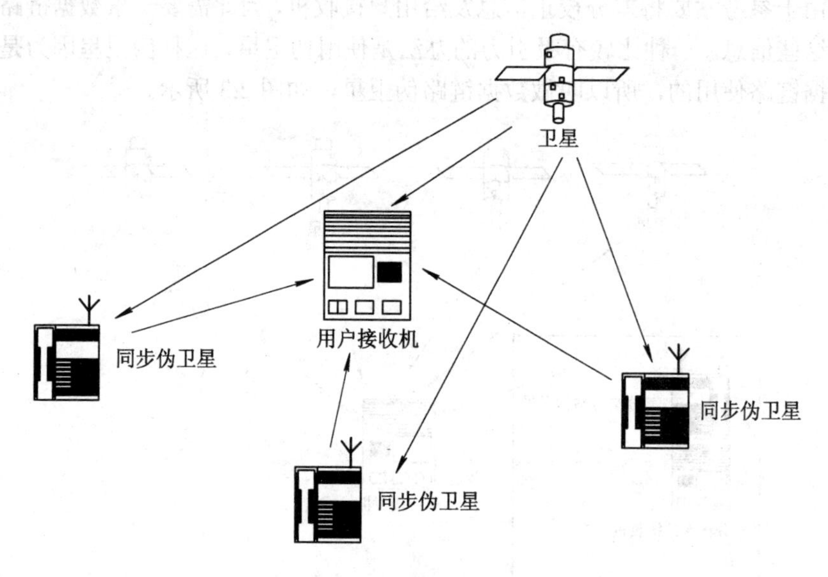

图 2.4　同步伪卫星

同步伪卫星有明显的内部时延(即接收到的信号在通过天线重新发射前经过电缆、滤波器和同步伪卫星内部电子线路传播时所需的时间)。在某些情况下，时延的准确值是很重要的，具体情况取决于特定的实现。

在一些不需要高精度和高完好性的应用场合，可以使用预先校准的时延。如果经过同步伪卫星的时延已知，则用3个反射信号就可以完全确定用户相对于同步伪卫星位置的3个坐标。第4个信号可将时延作为导航解的一部分计算出。额外的反射信号可通过RAIM处理提供完好性信息，还可在因卫星星座变化或天线遮挡而偶然丢失信号的情况下继续导航。

对于精确的导航，必须通过导航算法计算出真实的时延值。这种情况下，同步伪卫星至少必须反射4个卫星信号。如果同步伪卫星至少同时反射4个卫星信号，则用户接收机能够由同步伪卫星计算出精确的差分位置。这种方案可使主要的误差源极小，还能以毫秒级的时延不间断地提供差分参考数据。

同样，使用同步伪卫星和卫星导航也取决于同步伪卫星的放置情况，即系统的DOP。卫星与同步伪卫星信号可以有多种不同的组合。这里考虑3个同步伪卫星反射一个卫星信号至一个用户接收机的情况。这种情况下，最优几何布置(DOP最小)是同步伪卫星形成一个等边三角形。卫星位于三角形中心点上空无限远的点处，用户接收机位于由这两个点(中心点和卫星)构成的直线上的某处。被3个同步伪卫星反射的卫星信号只是用做一个相对的定时源，而与这个卫星信号的绝对定时精度无关。

在一些天空视线受限制的地区，如城市的林荫大道、狭窄的海域或露天矿井，很少能同时看到多于一颗的卫星。那么在感兴趣的区域放置3个或更多个同步伪卫星，就可以使任何只能检测到一个卫星信号的接收机进行差分定位。用户至少能看到3个反射这个卫星信号的同步伪卫星，但是每个同步伪卫星的时延要预先已知。

同步伪卫星的时延一般相对稳定，可以认为是一个常量，即可以在开始的时候从系统中校准掉。

同步伪卫星可以用一个或两个天线来实现，这取决于接收的射频输入数量。单天线设计需要一个能够发射和接收的被动天线，或者更复杂的包含开关和放大器的天线。将接收机和发射机连接到同一个参考晶振上，这样可以消除发射机与接收机之间的相位偏差。

第 3 章 伪卫星设计的关键技术

第 2 章讲述了伪卫星的作用和分类，本章将介绍伪卫星设计的关键技术。

虽然伪卫星能够增强卫星导航系统，但是实用伪卫星也并非没有问题，最显著的问题就是远-近问题。

3.1 远-近问题

接收机接收到的信号强度与到发射机和接收机之间距离的平方成反比关系，即随着距离的增大，信号强度减弱。在接收机的接收天线处测量到的功率 P 由下式决定：

$$P=\frac{P_{\mathrm{S}}\cdot G_{\mathrm{S}}\cdot A_{\mathrm{E}}}{4\pi r^2} \tag{3-1}$$

式中：P_{S} 表示发射功率；G_{S} 表示发射天线增益；A_{E} 表示有效接收天线面积；r 表示发射天线和接收天线之间的距离。接收功率随距离平方的倒数而减小。

CAPS 使用的是地球同步轨道卫星，这些卫星位于距离地球 3 万多千米的太空中，而且与接收机的距离很远且基本上保持相对不变。因此，接收机接收到的信号很弱且电平相对不变。

对于伪卫星则不同，伪卫星是放置在地面上或空中的，比卫星近很多，而且接收机接收到的伪卫星信号电平很高。若不采取一些预防措施，伪卫星只是简单地与卫星一样发射连续信号，那么较强的伪卫星信号将会淹没卫星信号，接收机将失去对卫星信号的跟踪而开始跟踪伪卫星信号。实际上，随着接收机与伪卫星距离的减少，伪卫星信号将干扰卫星信号，这就是所谓的远-近问题。这是伪卫星系统设计中的主要制约因素。

由于用户和伪卫星之间的距离变化很大，因而用户接收到的伪卫星功率也变化很大，而卫星和用户之间的距离则基本上近似不变，这样当接收机距离伪卫星很近时，由于伪卫星信号比卫星信号强(通常会比卫星信号强几个数量级)，则伪卫星信号就会淹没卫星信号，从而阻塞接收机。如当用户距离伪卫星 50 km 时接收到的伪卫星信号要比距离伪卫星 50 m 时接收到的伪卫星信号强 60 dB。但是如果伪卫星距离接收机太远，那么由于伪卫星信号太弱接收机就不能跟踪。在这个过程中，接收机要经受比较高动态范围的信号变化。如图 3.1 所示，“远边界”是指伪卫星信号太弱而无法跟踪的距离，而“近边界”是指伪卫星信号太强，开始干扰卫星信号的距离。要想使用卫星信号和伪卫星信号导航，必须在这两个边界之间的区域才可以，因为在这个区域中可以同时跟踪卫星信号和伪卫星信号[26]。

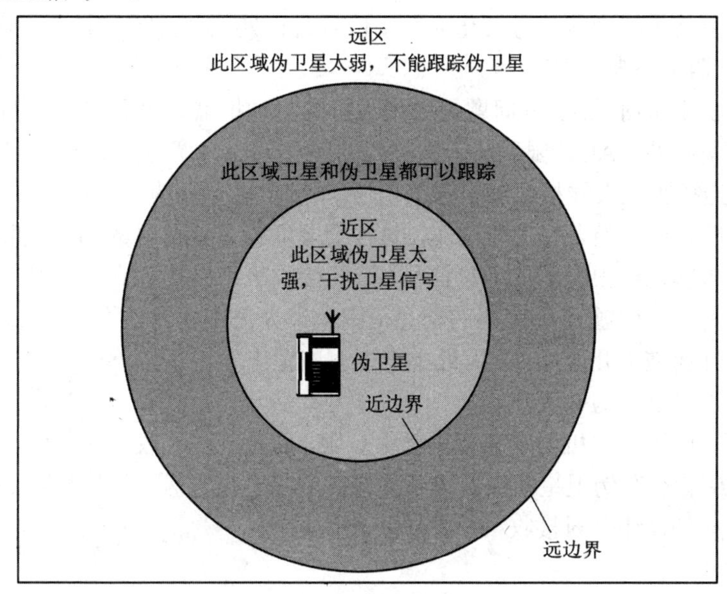

图 3.1　远-近问题示意图

远边界定义为伪卫星的信号功率等于规定的最低的卫星信号功率的一个球面。从伪卫星到远边界的距离取决于伪卫星发射信号的功率电平。但是到远边界和到近边界的距离比并不是由绝对功率电平决定的，而是由接收机对伪卫星的互相关干扰的跟踪余量决定的。

根据 C/A 码的动态范围可以确定出远-近距离比，即

$$\frac{r_{\min}}{r_{\max}}=\sqrt{\frac{p_{\min}}{p_{\max}}}=\sqrt{\frac{\mathrm{SNR}_{\min}}{\mathrm{SNR}_{\max}}} \tag{3-2}$$

式中：$r_{\min}$ 表示近边界；$r_{\max}$ 表示远边界；$p_{\min}$ 表示最小功率；$p_{\max}$ 表示最大功率；$\mathrm{SNR}_{\min}$ 表示最小信噪比；$\mathrm{SNR}_{\max}$ 表示最大信噪比。在设计真实的系统时，

必须在安装接收机时对跟踪余量进行实际测量。

一般使用动态范围来评价接收机的质量。动态范围是指在接收机没有过多噪声和失真的情况下能够解调出的最强信号和最弱信号的功率电平之比。普通射频接收机的动态范围通常很高，而 CAPS 接收机的动态范围却很小。因为卫星信号到达地球时比热噪声还要低很多，大多数 CAPS 接收机是在这个弱信号条件下进行设计的。接收机的动态范围是由射频和中频电路的设计以及自动增益控制(AGC)电路的有效性决定的。

所有的现代卫星导航接收机(包括 CAPS 接收机)均采用数字相关器。数字相关器需要将模拟中频信号转化为数字信号进行处理。这个工作由模拟到数字(A/D)转换器电路来完成。

使用伪卫星时的远-近问题是由接收机的自动增益控制和所选码的动态范围有限而引起的。AGC 限制从天线接收的频率，将其调整到 A/D 转换器的测量范围。当接收机天线接收到很强的信号(如接收机靠近伪卫星)时，AGC 将减少整个接收机的增益，将信号削弱，这样会降低伪卫星信号的功率，但同时也会降低本来就已经很微弱的卫星信号，因此接收机不会接收到像卫星一样微弱的信号。另一个问题是 C/A 码的动态范围。最大范围应该由不同 Gold 码之间的互相关性而减去几个 dB；而最小范围也应留出一定余量，否则无法区分接收到的伪卫星信号与热噪声。

大多数民用接收机的动态范围都很有限，而且某些接收机根本就不能跟踪伪卫星，或者在有伪卫星的情况下不能跟踪卫星。强的伪卫星信号除了会引起互相关效应外，还会对接收机引发一些其他问题。

3.2 远-近问题的解决方案

在过去的几十年里，对于 GPS 伪卫星，人们已经做了很多的努力来解决远-近问题。本节将介绍几种用于伪卫星信号的能够减轻或消除远-近问题的技术。

1. 轨迹约束

轨迹约束是将用户的运动轨迹约束在一定的范围内，或者说限制用户接收机的“工作区域”，不允许接收机穿过伪卫星的近边界。例如，飞机进场时候的飞行路线一般是固定的，可以在地面精心放置伪卫星，使飞机的下降路线在伪卫星的近边界之外；对于在地面上运动的车辆，可以将伪卫星放在高度比近半径大的建筑或山顶上。虽然轨迹约束不是解决远-近问题的通用方法，但却是一类特殊的解决方法。

2．设计天线方向图

如果用户接收机沿着可预测的轨迹运动，则有可能设计出这样的天线，使伪卫星的发射天线和接收机的接收天线的增益方向图的形状在用户接收机运动轨迹的方向上产生一个比较微弱的信号。这样做相当于增加了远-近距离比。但是需要注意的是，没有沿预测轨迹运动的用户接收机可能会受到干扰而失去导航能力。

3．使用分立的天线

接收机通过使用两个分立的天线来分别接收卫星信号和伪卫星信号，这样可以将分立天线的增益方向图优化，以使伪卫星信号泄露到卫星通道的信号最小。

4．跳频

将伪卫星信号在C/A码较高零点和较低零点之间跳频发射。使用不同的跳跃方式可以同时发射多个伪卫星信号。虽然这种格式的互相关性非常好，但由于现有大多数接收机的动态范围有限，因此会对接收机产生干扰。如果要跟踪这种格式的信号，需要对接收机的相关器芯片进行重大的修改[8]。

5．选用新的扩频码

对伪卫星而言，就是要使所选的伪卫星扩频码和现有卫星的C/A码之间的互相关最小。可以将卫星没有使用的C/A码分配给伪卫星使用，但这些码的性能就稍差些；或者使用比现有的码序列更长的码、多历元C/A码、更快的码、多相码和模拟码[8]。如果伪卫星发射的是一种非标准的扩频码，就可能需要对接收机的相关器及其控制软件进行改动。

6．带外发射

伪卫星可以使用无线电频谱内的任何有用的频率来发射信号。如果发射频率与卫星信号频率不同，则接收机的滤波器会将伪卫星的信号衰减，这样就防止了干扰卫星信号。这种方法明显的缺点在于需要一个射频通道来接收伪卫星信号，增加这个射频通道会使接收机的费用和复杂程度增加很多。而且，通过这个射频通道接收的伪卫星信号的定时信息随着时间和温度相对于接收卫星信号通道的信号而漂移。这样就使伪卫星的导航算法复杂化了。

7．频率偏移

卫星的 C/A 码以二进制移相键控(BPSK)调制来传输，这种信号的频谱很宽，但存在某些不发射能量的零点频率。这些零点频率位于载频两边码片速率的整倍数处。接收机内与之匹配的调节器对 BPSK 谱中的能量做出响应，而忽略任何零点处的信号。

Elord和Van Dierendonck建议以C/A码频谱的一个零点作为载波频率的中心点来发射伪卫星信号，但仍然位于与卫星信号相同的频带中[29]。俄罗斯的GLONASS的信号就采用了这种信号结构。这种思想是接收机将忽略位于卫星信号零点上的伪卫星信号，以减小或消除远-近问题。然而，接收机设计时有潜在的问题，其中之一是内部通道间的偏差随接收机的温度而变化。此外，这也会导致建模和模糊度解算过程复杂化。

8．脉冲发射

海事无线电技术(RTCM-104)委员会建议使用脉冲发射伪卫星信号，也就是伪卫星信号以周期性的短的强脉冲信号发射。典型的接收机前端一般由天线及紧跟其后的低噪声放大器(LNA)、滤波器、一个或多个下变频器以及A/D转换器组成。也可以使用自动增益控制(AGC)来将输入信号保持在前端的动态范围之内。伪卫星信号通常很强以至于会超出接收机的动态范围，这时称接收机在某个功率电平饱和。比饱和电平更强的信号在送入相关器之前将衰减到这个电平。当接收机由于某个强信号而饱和时，较弱的信号和噪声将在相关器的输出端消失。脉冲发射伪卫星正是利用了这个特点。

任何脉冲伪卫星产生的干扰直接与其发射时间(占空比)成正比。显然，应该使用对周围接收机干扰最小的低占空比。但实际结果表明，低占空比的伪卫星信号很弱，接收机难以跟踪。脉冲虽然不是万能的，但在伪卫星设计中是一个非常重要的概念。

RTCM-104 委员会建议使用 10%的占空比[30]。尽管占空比只有 10%，但脉冲要足够强，以便跟踪。伪卫星发射机在脉冲间隔时间内关闭，以允许接收机能无干扰地跟踪卫星信号。

伪卫星信号只在发射时才会干扰卫星信号。如果伪卫星只在10%的时间里发射，那么干扰也只在这10%的时间里。在余下的90%的时间里，接收机仍然能够有效地接收和跟踪卫星信号。在这种情况下，现有的大多数接收机都能够同时跟踪卫星信号和伪卫星信号。

但是，这种简单的脉冲模式会给许多接收机带来问题。这种脉冲模式的傅立叶变换是间距为1 kHz的谱线。实际上，脉冲调制过程中将伪卫星发射信号的频谱与脉冲模式的频谱混合，将信号以1 kHz的间距复制到了中心频率的两边。这些复制的或虚假的信号全都比原来的信号弱，但是如果伪卫星信号能够使接收机饱和，则这些虚假的信号就足够强，可以检测到并能跟踪到，大多数接收机会将其误认为有效信号而不再搜寻真实信号。事实上，如果采用这种简单的脉冲模式，接收机很少能截获真实信号，只能截获虚假信号。

RTCM-104委员会定义了一种模式，即在整个C/A码历元内定义了11个“时隙”，每个时隙有93个码片，约91 μs，在每个历元内其中的一个时隙上按照固定的顺序发射一个脉冲，每200个历元重复一次。这种模式具有很好的抗虚假特性。这些脉冲绝对不与接收机接收的GPS位模式同时出现。

目前，大多数脉冲伪卫星都采用这种RTCM的脉冲模式，而且接收机在一个C/A码历元内对信号积分，在这种情况下，将脉冲模式与伪卫星发射信号的C/A码历元同步是重要的；否则，接收机中有些历元会有两个脉冲而有些历元则一个也没有，这样接收机就很难跟踪信号。

另外，在一个C/A码中有五个间隔均匀脉冲的模式会产生间距为5 kHz的虚假信号，但大多数接收机在不需要辅助的情况下就可以截获原来的信号。要保持给定的占空比，每个脉冲的持续时间将比之前的值减小1/5。实际上，每个历元有五个脉冲的伪随机信号模式相当于可以消除虚假信号。

此外，在接收机中利用脉冲消隐可以减小脉冲伪卫星对卫星信号的干扰。这种设计思想是在伪卫星脉冲期间关闭卫星相关器。如果相关器不工作，则脉冲不会引起干扰。消隐信号可以从接收机射频电路中的饱和检测器获得，或在伪卫星脉冲定时为可预见的情况下由时钟获得。将伪卫星相关器的消隐信号翻转，使其只在脉冲期间才工作，这样就可以消除脉冲之间累积的噪声，并增大平均的伪卫星信号噪声比。脉冲期间消隐接收机能检测出卫星信号的消失，但不接收伪卫星的干扰信号；而非消隐接收机会接收到干扰信号。

如果接收机中没有实现脉冲消隐，则接收机在脉冲期间是饱和的。饱和是指接收机将所有的输入信号限定在某个最大电平上。饱和本质上是非正常条件下的“过载”工作模式。实际上，接收机很少或者也许不能工作在这种模式下。在极限情况下，超出的功率电平将对任何接收机造成永久性的物理损坏。

好的脉冲方案对接收机卫星信号的影响实质上是很明显的。许多现代接收机将脉冲发射的信号视为连续信号处理，并在设计上达到抑制(即使是偶然的脉冲干扰)。任何硬限幅接收机或软限幅接收机都将限制和抑制它们的影响，但是仍然通过足够多的脉冲去跟踪伪卫星信号。

RTCM还提到，当多个伪卫星同时放在一个地方时会产生相互干扰，因为各个伪卫星同时发射的脉冲将有可能导致接收机同时接收多个脉冲。因此，伪卫星之间应该有一个最小间隔距离的要求。但也可以采用多个伪卫星的脉冲定时偏移来解决相互干扰问题。

9．提高接收机的动态范围

对于接收机来说，伪卫星实际上可以看做是干扰。大多数接收机的动态范围很低，因此对于要使用伪卫星信号的接收机应该具有很高的动态范围，以尽可能多地抑制干扰，并且实现起来经济可行。一种方法是通过快速或宽带 AGC 环路来实现；另一种方法是通过足够高位数的量化器和相关器来实现。当然这些接收机肯定比普通接收机要贵。

10．其他方法

Madhani 等人提出了一种通过连续干扰消除方法来减轻远-近问题。这种方法是基于一种不需要对接收机硬件进行改动的信号处理技术[31]。理论分析表明，码和相位的组合可以解决远-近问题。

3.3 伪卫星天线

对于 GPS，最常见的两种天线是四叶螺旋天线和微带贴片天线。四叶螺旋天线和微带贴片天线的增益方向图都近似为半球形。通常这是接收机天线的最佳方向图，但对伪卫星发射机却可能不是最佳的。其他可用于伪卫星的天线有绕杆式、Alford 槽以及标准或轴向螺旋天线。其他一些如可减小多径效应的更复杂的天线在一此特殊情况下也是有用的[32]。

GPS 卫星信号以右旋极化方式(RHCP)发射。为使信号损失最小，接收机的所有天线都与圆极化方式匹配。四叶螺旋天线本身就为圆极化方式，微带贴片天线也可以容易地做成圆极化方式。

理论上，伪卫星的发射天线既可以是 RHCP 又可以是线极化。线极化在接收信号功率中引入额外的损耗，但这对于伪卫星来说不是问题(因为伪卫星的功率一般都很强)。

对于伪卫星系统，当圆极化天线旋转时，接收的信号在相位上超前或滞后，这种扭曲误差或许不再能被剔除掉。

如果系统的活动范围使任何天线的视线角都变化很大，那么或许有必要对圆极化进行校正。这涉及是否使用如 Alford 槽的线极化天线。还有，绕杆天线也可做成 RHCP。

从伪卫星的角度看，工作范围比较小的系统可以通过使用高增益天线(如标准的或轴向螺旋天线)而受益。如在室内使用伪卫星进行导航时就可以使用这样的天线。轴向螺旋天线的辐射是圆极化方式。

3.4　建　　议

在上述的几种方法中，因为某些方法或许只适用于一定的场合，或许需要对接收机做出比较大的改动，因此，一般应用都选择脉冲伪卫星方法。而对于可以同时看到多个伪卫星的环境，要精心设计；否则不同伪卫星的脉冲信号将会相互干扰。可以将相隔很近的两个或多个伪卫星同步，使每个伪卫星只在其余伪卫星的空载时间内发射信号。伪卫星间的距离必须小于脉冲宽度和光速的乘积，以保证这些脉冲在任意方向都不会重叠。当然，脉冲伪卫星方法仍然要受到总占空比的限制。最佳解决方法是时间、频率和码域技术的组合。

另外，还可以通过码相位辅助来减少截获伪卫星信号的时间。

第 4 章 伪卫星设计

本章讲述 CAPS 中直接测距伪卫星的设计以及设计中应注意的问题。

伪卫星的导航信号和测距码生成采用自主工作模式。为了提高设备的机动性能，伪卫星站设计成可搬运型，站址可以随需要迅速变更。伪卫星采用车载电子方舱集成设备，天线安装在方舱侧面，方舱备有蓄电池、柴油发电机和太阳能发电设备，并兼顾电磁屏蔽和通风制冷等要求[33]。

4.1　伪卫星信号体制设计

尽量利用现有成熟的技术是 CAPS 的基本指导思想。因此，CAPS 伪卫星信号体制在很大程度上借鉴了 GPS,采用直接序列扩频的调制方式。由于 CAPS 目前是租用 C 波段转发器，所以其工作频段为 C 波段。目前只在粗码上实现了伪卫星信号；在两个载频 C1、C2 上对信号进行调制，以满足测距精度的要求。

同大多数卫星导航系统一样，伪卫星也是采用直接序列扩频通信技术的多用户系统。直接序列扩频的一个巨大的优势在于可以共享时域和频域资源[35, 36]，但由此引入了一个固有的缺点就是远-近问题。

虽然用户接收机在不同位置时，离各颗卫星的距离会有变化，但由于 GPS 卫星离地高度达 20 000 km，在任何位置的接收机收到的来自各同步卫星的信号强度差别不会太大[37]。可以说，GPS 不存在远-近问题。

引入伪卫星是为了辅助定位，这要求用户接收机既能接收 CAPS 卫星信号又能接收 CAPS 伪卫星信号，即要求伪卫星信号与 CAPS 信号是兼容的。然而，用户在距伪卫星不同的距离接收的信号强度不同。据估算，假如用户在距伪卫星 50 km 处，伪卫星信号与 CAPS 卫星信号一样强；而当用户靠近伪卫星只有 50 m 时，则此伪卫星信号将比 CAPS 卫星信号强 60 dB。假如伪卫星采用伪码速率为 1.023 Mb/s 的粗码，则该码的互相关值为−21 dB～−23 dB。就是说，当各路信号强度大致相同时，互相关形成的干扰要比自相关形成的信号大致低 20 dB，这时混合信号可以很好地互相分离开，从而得到很好的接收质量。但是，若有一路信号特别强，其强度高出其他信号 20 dB 以上，则它与其他信号产生的互相关干扰值就要上升 20 dB 以上，这个值可能等于或超过其他信号的自相关值，这样，其他信号的接收就被破坏了。所以无论 GPS、CAPS 还是地面上广泛使用的 CDMA 蜂窝移动通信系统，都要非常认真地实时控制各地址来的信号到达多路接收机时的信号强度，使之不要相差太多，否则就会出现问题。

因此，解决远-近问题是设计伪卫星信号体制时首要考虑的问题，以使接收机能够做到伪卫星信号与 CAPS 信号兼容。

4.1.1 伪卫星信号体制选择

在第 3 章中已提到过远-近问题的几种解决方案，由于 CAPS 租用 C 波段卫星转发器，在载频选择上没有多少余地，因此，带外发射的方案不予考虑。下面分析其中三种方案在 CAPS 中的可行性。

1．频率偏移方案

频率偏移方案即让伪卫星信号的载频偏离卫星信号的载频。对粗码来说，具体偏离的数值为 1.023 MHz。这样伪卫星信号频谱峰值能量就落到卫星信号粗码频谱的零点处，从而它们之间的互相关值比没有频偏时的互相关值大大降低了[38]。但是，伪卫星和 CAPS 卫星信号是通过不同通道进入接收机的，必须仔细控制两通道的相对时延，以避免组合误差。因此，需要在接收机中改善滤波器和内部校准技术，但这增加了接收机的复杂度和成本。

2．选用新的扩频码方案

利用不同 C/A 码进行码间互相关，只能分离 25 dB，因此还剩 35 dB 必须考虑采用其他手段来分离。如果要应用伪随机码来分离 60 dB，则必须使此码率比 C/A 码率提高若干倍，以降低伪卫星信号对可接收值的噪声电平。根据不同的假定和试验，此码率必须达到 25 MHz～50 MHz，并具有类似的带宽。但是，现有的 CAPS 接收机是无法达到的。

3．脉冲发射方案

伪卫星信号只在发射时才会干扰卫星信号。使用一种低占空比的短脉冲来传送伪卫星信号，这样，只在很短的时间内干扰 CAPS。信号使用脉冲发射(也称“时间分割调制”)方案的主要缺点是：伪卫星信号强度大，能够对不按伪卫星环境下设计的接收机进行脉冲干扰。对 RTCM-104 委员会建议采用 10% 占空比的脉冲信号格式而言，接收机所承担的最大信噪比损耗不会很多。这就必须要求设计出适用于伪卫星环境下的新型接收机。

综上所述，脉冲发射方案是伪卫星设计的优选方案。

4.1.2 时间分割调制伪卫星信号体制

由于伪卫星只作用于局部范围(约 300 km)，由电离层带来的附加时延可以忽略，所以只需一个载频即可。为便于工程实践及满足定位精度的要求，测距码选用 CAPS 的粗码 $C(t)$和导航电文码 $D(t)$(50Boud/s)，载波选用粗码的载频 C1 波段。外加开关控制信号 $T(t)$，以实现时间分割调制(TDM)。最终发射的调制信号 $S(t)$的表达式为

$$S(t) = C(t)D(t)T(t)\sin(2\pi f_c t + \phi) \tag{4-1}$$

式中：f_c为载波频率；ϕ为载波初始相位；$C(t)$为粗码，

$$C(t) = G_1(t) \oplus G_2(t + iT_c) \quad (i\text{ 取 1、2、3、4、5，是卫星序号}) \tag{4-2}$$

其中，$G_1(x)$与 $G_2(x)$为粗码的生成多项式(如图 4.1 所示)，T_c为粗码码片周期；$D(t)$为导航电文码；$T(t)$为开关控制信号[39]。

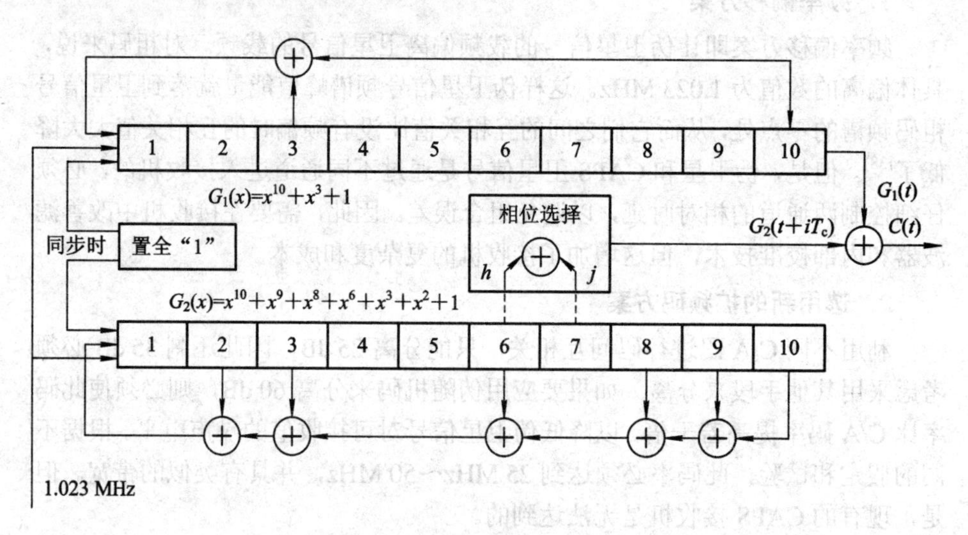

图 4.1 粗码生成器

粗码的码长为 1023 位，码频为 1.023 MHz，码周期为 1 ms，即 1 ms 循环一次。1023 是个可分解的数，即 1023 = 11 × 93。于是把伪卫星站的 1023 位粗

码依次分割成 11 份，每隔 1 ms 依次发送 93 位，经过 11 ms 依次发送完 1023 位，然后再从头开始同样的过程。时间分割法示意图如图 4.2 所示，这种低占空比的脉冲式伪卫星信号对卫星信号的干扰大大减弱。对卫星信号而言，每毫秒中只有 1/11 的时间是受干扰的，其余 10/11 的时间都是正常接收。

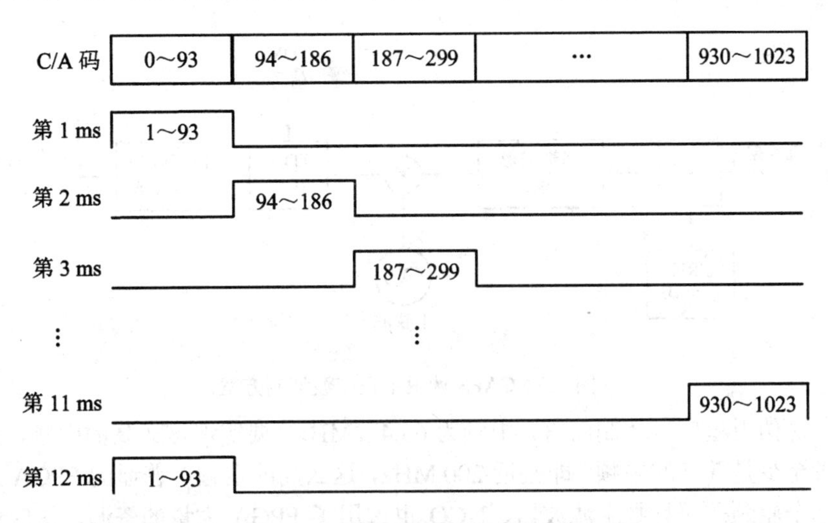

图 4.2　时间分割法示意图

因此，CAPS 伪卫星中频信号的基本形式如下：

(1) 调制方式 CDMA/BPSK/TDM；

(2) 扩频码是码长 1023，周期为 1 ms 的 Gold 序列；

(3) 调制数据（导航电文）速率为 50 b/s；

(4) 中频输出信号载波 65.472 MHz。

4.2　脉冲伪卫星信号实现方案及仿真分析

4.2.1　脉冲伪卫星信号实现方案

在数字信号的传输过程中，由于大多数实际信道具有带通传输特性，基带数字信号不能直接在带通信道传输，所以必须用基带信号对载波幅度、频率、相位等参数进行调制，把基带信号频率搬移到带通信道的频带内[40]。在发射时，调制信息与伪码相乘进行扩频。为防止码间串扰，提高频带利用率，扩频后的基带信号需通过成形滤波器进行码片成形。为使产生的扩频基带信号与后面的A/D 采样速率相匹配，在进行正交调制之前还必须对扩频基带信号进行内插、抽取和成形滤波器等处理，这些处理由多速率处理技术实现，其实现方案称为正弦波调制方案，如图 4.3 所示。

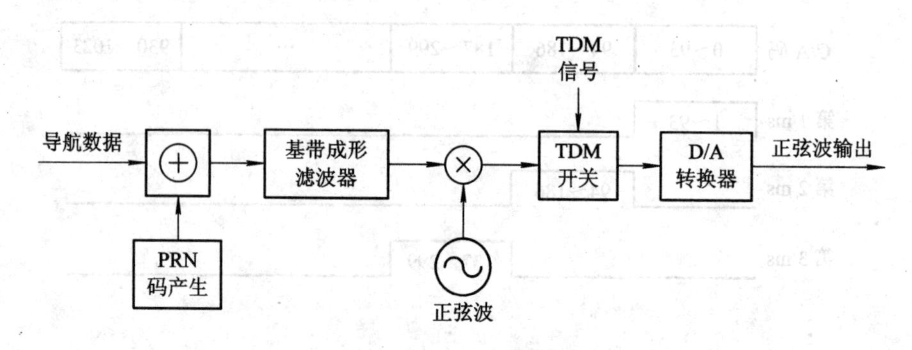

图 4.3　CAPS 伪卫星正弦波调制方案

对伪卫星信号体制而言，中频为 65.472MHz，要实现这么高的中频，系统时钟至少是 3 倍的中频，即接近 200 MHz，这么高的主频对普通的 FPGA 来说是一个瓶颈。而且数字滤波器、NCO 也占用了 FPGA 大量的资源，这时的功耗也是比较大的。当然，也可考虑使用专用数字可编程上变频芯片来实现中频调制，如 AD 公司的 AD9857、AD9856 等[41]。使用专用调制芯片方案会在一定程度上降低功耗要求，也能够确保时序的准确，但又不如使用 FPGA 灵活。对 CAPS 伪卫星信号指标而言，由于扩频码速率带宽很宽(中心频率±10 MHz 带宽)且为 BPSK 调制，可以考虑在中频直接由方波对基带信号进行调制。于是，可以选择基于 FPGA 的方波调制方案，如图 4.4 所示。

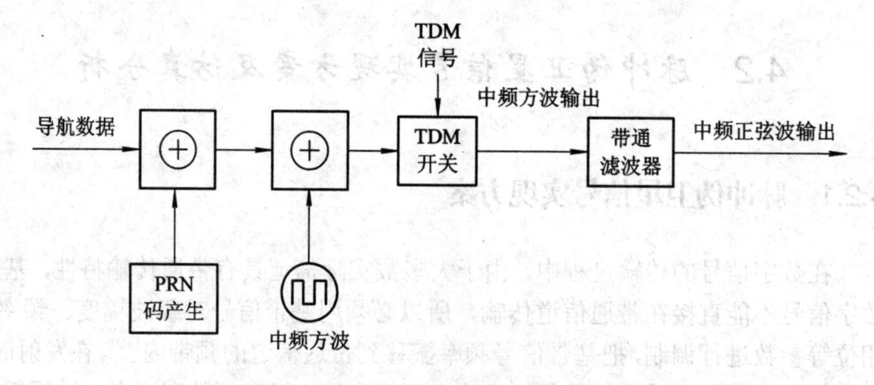

图 4.4　CAPS 伪卫星方波调制方案

在实现相同技术指标的情况下，在 FPGA 上实现这两种方案的比较如表4.1所示。

表 4.1 两种调制方案的比较

指标 \ 方案	正弦波调制方案	方波调制方案
FPGA 主频	3 倍中频	2 倍中频
成形滤波器	有	无
中频相位调制	有	无
D/A 转换器	有	无
数据位宽	≥12 bit	1 bit
FPGA 资源使用	约 6000 个逻辑单元(LE)	约 600 个逻辑单元(LE)

显然，方波调制方案有逻辑资源占用少、功耗低的优势。但方波调制方案没有成形滤波器和中频相位调制，这样是否会对中频调制信号质量有影响？由于中频带宽很宽(以 65.472 MHz 为中心，±10 MHz 带宽)，而扩频码速率(1.023 Mb/s)比较低，信息码元速率(50 b/s)更低，所以不加脉冲成形滤波器不会对信号的质量产生影响。中频方波调制后的带通滤波器用来消除直流分量和高次谐波的影响，使输出波形为正弦波。另一方面，伪卫星中频信号要求中频载波的初始相位、伪码的初始相位和信息码元的初始相位与时统送来的1PPS 相位一致。这可以通过 FPGA 内部的锁相环产生中频两倍的时钟，对中频载波、伪码和信息码元进行锁存来实现，所以不需要对载波相位进行调整。通过高采样率双踪示波器观测中频滤波后第一个输出中频信号与时统 1PPS 的相对时延，可以得到综合基带的时延。

4.2.2 仿真结果及可行性分析

在 ADS2003A 环境下，对正弦波调制方案和方波调制方案分别进行仿真，方波调制中频输出的仿真结果如图 4.5 所示，正弦波调制中频输出的仿真结果如图 4.6 所示。

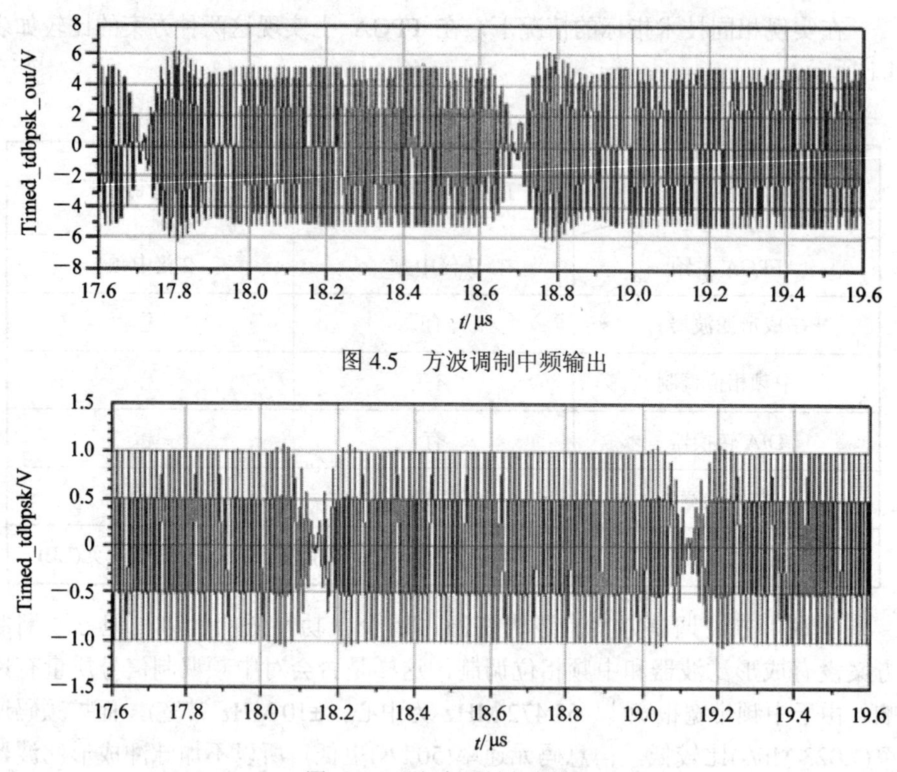

图 4.5　方波调制中频输出

图 4.6　正弦波调制中频输出

从时域上看，这两种方案下的信号相位跳变都为 180°，不同的是方波调制方案在相位跳变处信号的包络抖动比较大，这是因为信号经过中频滤波器，阻抗没有匹配好。需要注意的是，采用正弦波调制方案要求对基带信号进行采样(因为一方面提高基带速率可以降低成形滤波器阶数，另一方面为接收机中伪码跟踪电路延迟超前锁相环的方便设计考虑)。对正弦波方案进行仿真时，对基带信号进行 8 倍的过采样(8.184 MHz)，系统时钟为中频时钟的 4 倍(261.888 MHz)，采用升余弦滤波器作为成形滤波器，于是，内插因子为 32。可见，正弦波调制方案所需要的带宽仍很大，约 8 MHz。

两种方案频域仿真图形分别如图 4.7 和图 4.8 所示。需要说明的是，在 FPGA 中逻辑“1”和“0”分别由 3.3 V 和 0.2 V 电压表示。对方波调制方案而言，从 FPGA 输出的 BPSK 信号在形式上类似于 ASK 调制输出信号(幅值取“1”和“0”)，也可以等效为一个双极性的 BPSK 信号在幅度上叠加一个周期性的开关信号。如果按照方波调制方案实现，必然引入直流分量和高次谐波，而加入中频滤波器能够很好地抑制直流分量和高次谐波。

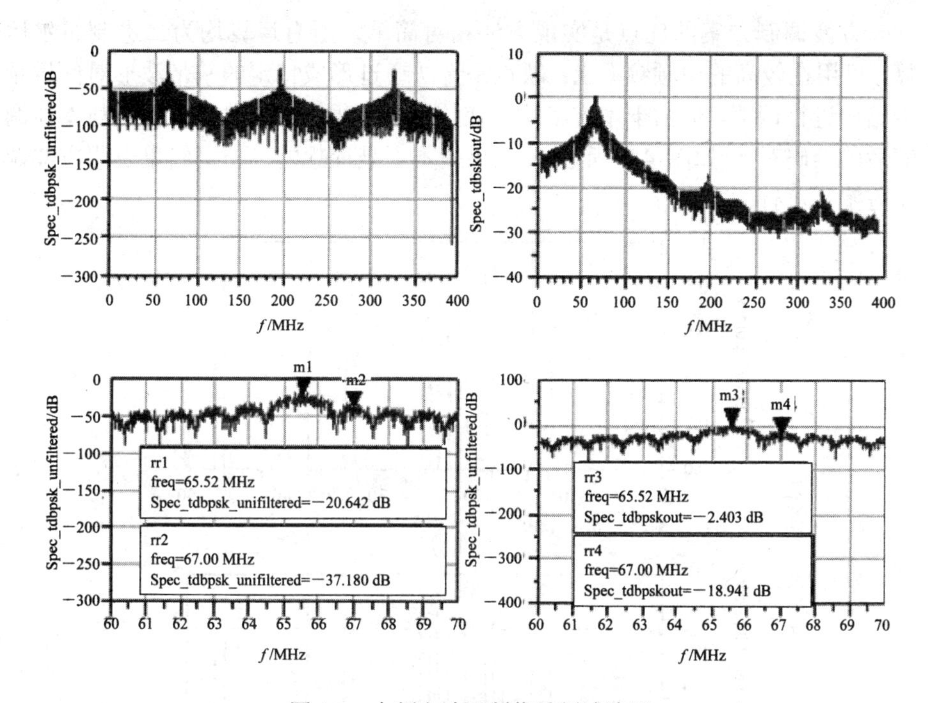

图 4.7　中频方波调制信号频域波形

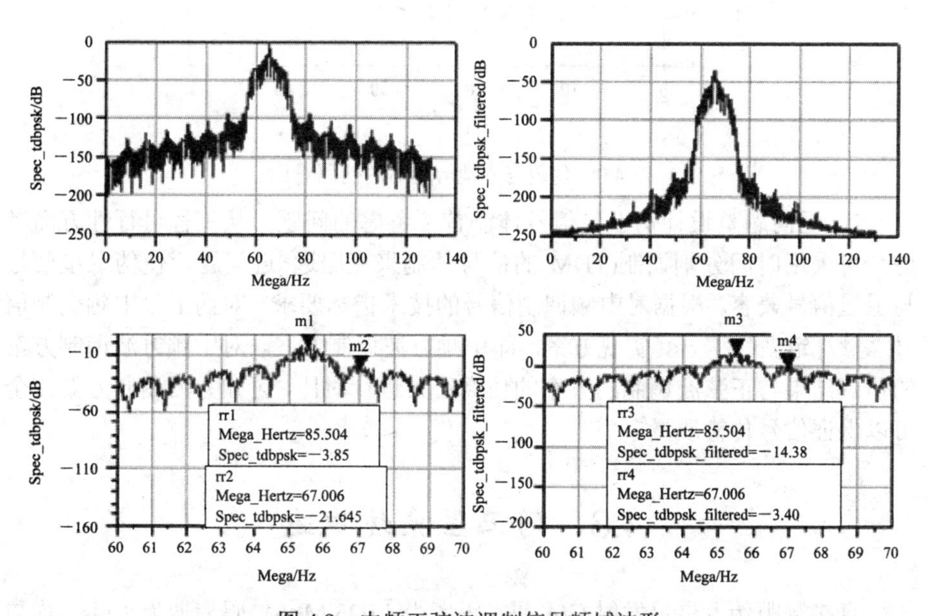

图 4.8　中频正弦波调制信号频域波形

方波调制方案的优点是实现方法相对简单，所有运算均为二进制布尔运算，可用在较高的中频频率上；缺点是无法通过形成特定的基带波形对信号频谱结构进行调整。但由于本方案建立在信道带宽很大的条件下，伪码与本地调解后的伪码对比(如图 4.9 所示)，结果基本上是理想的。仿真结果表明方波调制方案是可行的。

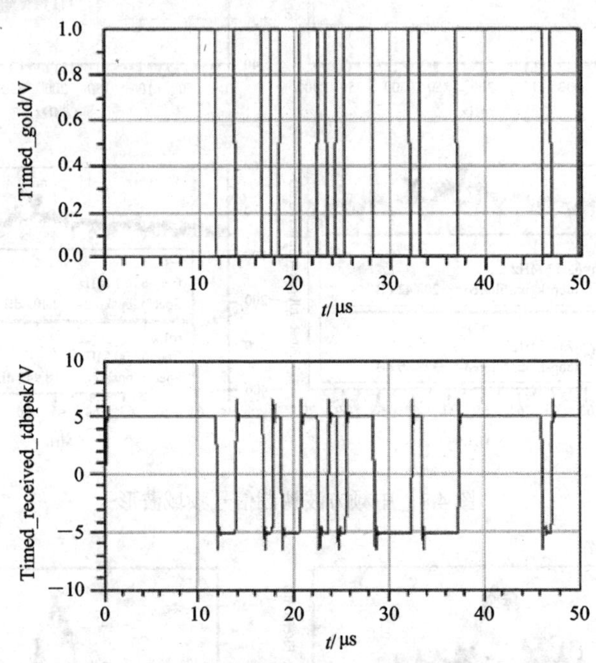

图 4.9　伪码与本地解调后的伪码对比

远-近问题是设计伪卫星信号体制首要考虑的问题。从工程可行性方面考虑，可采用时间分割调制(TDM)的信号体制来克服远-近问题，使伪卫星信号与卫星信号兼容。根据对中频调制信号的技术指标要求，对伪卫星中频调制信号“量身定做”了一套实现方案，即中频方波调制方案。对中频方波调制方案的仿真结果与正弦波调制的方案的仿真结果进行对比，可知方波调制方案完全可以保证信号传输质量。

4.3　伪卫星系统概述

直接测距伪卫星只发射 C/A 码，码率为 1.023 Mb/s，码周期为 1 ms，均与 CAPS 卫星信号一样。本节使用占空比为 1/11 的脉冲发射伪卫星信号。

导航电文携带的时间信息通过综合基带和数据处理子系统溯源到CAPST。具体实现途径是：首先时统子系统将CAPST时间信息分别送到综合基带子系统和数据处理子系统，以实现综合基带子系统和数据处理子系统的时间与CAPST的一致；然后由监控子系统发送命令给综合基带子系统，约定综合基带子系统和系统工作的启动时刻。在约定时刻到达前，综合基带子系统和数据处理子系统在CAPST的控制下进行初始化。到达约定时刻时，综合基带子系统把时统子系统提供的1PPS(或30PPS)作为启动脉冲，即发帧同步头的第一个比特，以实现帧同步头的第一个比特在时刻上与CAPST的严格同步。同时，综合基带子系统的扩频码速率由时统子系统提供，作为综合基带子系统的内部频率源，管理综合基带子系统的内部时间和频率，保持时间同步和频率相干。

4.3.1　伪卫星系统的组成

直接测距伪卫星系统的组成如图4.10所示。

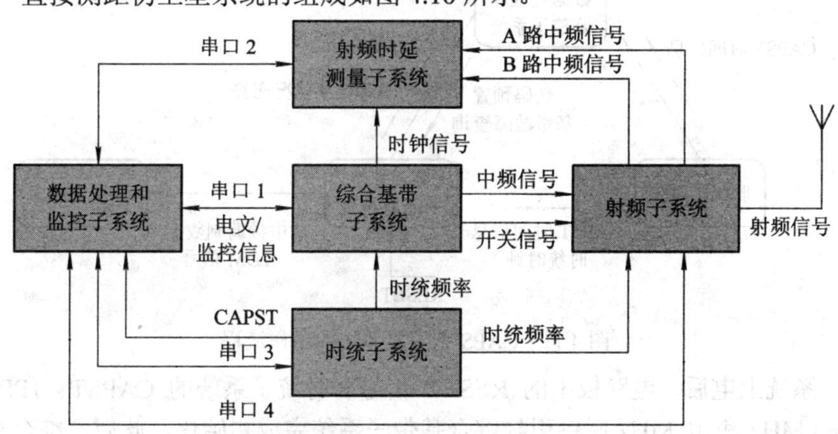

图4.10　伪卫星系统的组成

直接测距伪卫星系统由综合基带子系统、射频子系统、射频时延测量子系统、时统子系统、数据处理和监控子系统等组成。各主要子系统均包含独立的监控单元，监控单元的监控信号通过RS-232串口送至数据处理和监控子系统集中管理。

综合基带子系统的主要功能是生成扩频码，对输入的导航电文扩频，对扩频后的信号进行时间分割调制(TDM)和BPSK中频调制，并将已调中频信号送至射频子系统。其时间及频率基准由时统子系统提供，以保障时间及频率基准的准确性。其中基带故障监控单元用于监控子系统的工作状态，故障告警信号由串口送至数据处理和监控子系统。

射频子系统的主要功能是将中频导航信号变频到发射频率，并通过全向天线发射到用户接收机。射频子系统中的射频故障监控单元监测子系统的工作状态，并将故障信息通过串口送至数据处理和监控子系统。射频子系统中混频所需的本振信号由频率合成器产生。频率合成器的参考信号由时统子系统提供，以保障混频信号的频率准确度和稳定性。射频子系统包含有提供延时测试功能的辅助电路(下变频器)。中频滤波输出与辅助电路输出的两路中频信号提供给射频时延测量子系统，以便测量射频子系统的时延。

数据处理和监控子系统的主要功能是对各子系统送来的故障告警信号进行集中管理；接收综合基带及射频时延测量子系统的时延信息并进行计算；接收时统子系统的 CAPST 时间信息；生成导航电文并按指定格式和时间周期编辑，将其送入综合基带。

图 4.11 所示为伪卫星系统的工作流程。

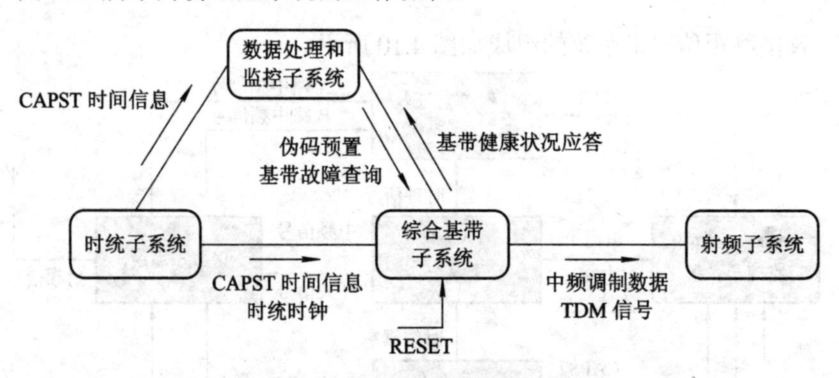

图 4.11　CAPS 伪卫星系统的工作流程

系统上电后，电路板上的 RESET 信号和时统子系统的 CAPST、1PPS、8.184 MHz 和 10 MHz 时钟引导综合基带子系统完成初始化。此后，综合基带子系统等待系统工作启动时刻，当到达约定时刻，综合基带子系统把时统子系统提供的 1PPS 作为启动脉冲，即发帧同步头的第一个比特，以实现帧同步头的第一个比特在时刻上与 CAPST 的严格同步。监控子系统可以在系统上电后查询综合基带子系统的工作状态。综合基带子系统将健康状态按照帧格式通过 RS-232 串口传给数据处理和监控子系统。

4.3.2　伪卫星系统的工作模式

伪卫星站采用自主工作模式。地面伪卫星站接收来自时统子系统的时标信号，获得 CAPST 并保持中央控制站的时间同步，其误差应该尽量小，譬如小于 1 ns。在此基础上，伪卫星站自主产生导航码与导航数据，将其调制到与CAPS 各同步卫星转发器相同的发射频率上，自主发射信号。

自主工作模式的特点如下：

(1) 一个伪卫星站要用一个导航地址码。

(2) 由伪卫星站自主发送导航数据。

(3) 不占用同步卫星转发器资源，但是要确保时统的精度及其与中央控制站之间的同步。

自主工作模式伪卫星站的数量只受导航码地址数的限制。由于导航码数量很多，所以伪卫星站的数量也可以很多。

4.3.3 伪卫星系统的功能

伪卫星系统功能数据流程与接口关系如图 4.12 所示。

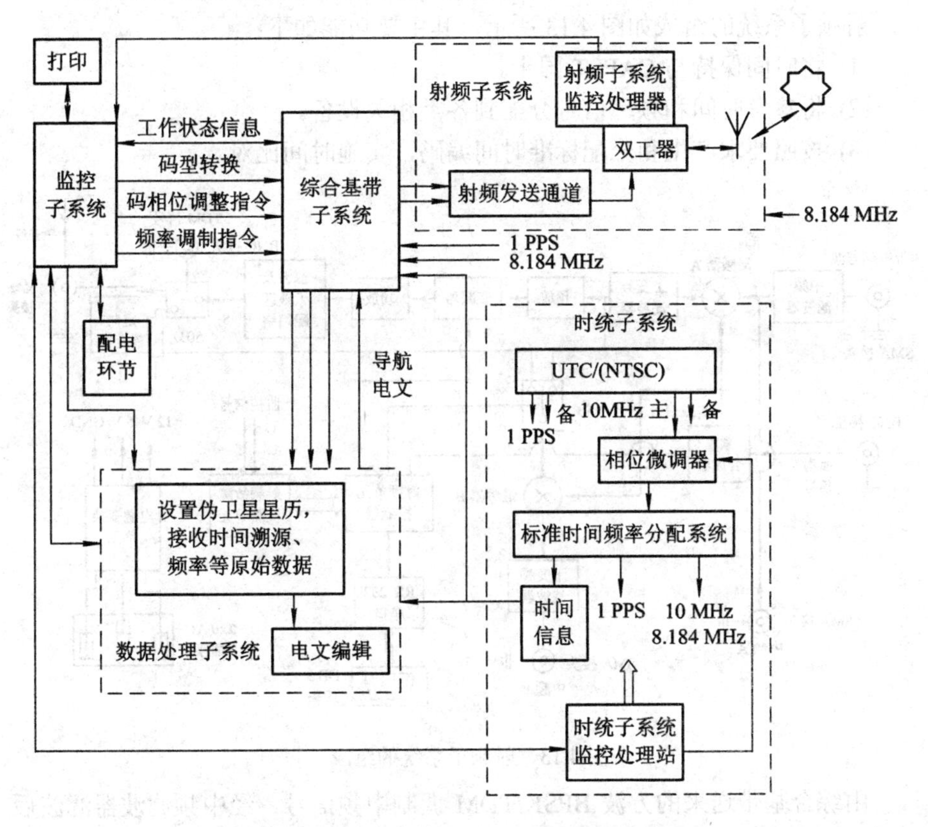

图 4.12　伪卫星系统功能数据流程与接口关系

伪卫星系统的功能如下：

(1) 伪卫星采用自主工作模式，时统子系统接收授时信号与本地时钟进行对比，使伪卫星站本地时钟与导航主控站的 CAPST 保持时间同步。

(2) 在 CAPS 导航电文的基础上自主编辑伪卫星的导航电文。

(3) 形成与 CAPS 卫星转发的 CDMA 信号兼容的 CDMA/TDM 伪卫星信号。

(4) 将导航电文经过 CDMA/TDM 扩频调制到与 CAPS 各卫星发射频率相同的载频上，导航信号经过射频信道发送给用户接收机。

(5) 伪卫星发射天线方向图覆盖空域范围的半径不超过 5 km～500 km，仰角不小于 5°。

4.4 射频子系统

射频子系统的组成如图 4.13 所示，其主要功能如下：

(1) 将时间保持与 CAPST 同步。

(2) 将参考时间和频率信号分配到各类相关设备。

(3) 按照要求产生和分配标准时间编码，实施时间比对。

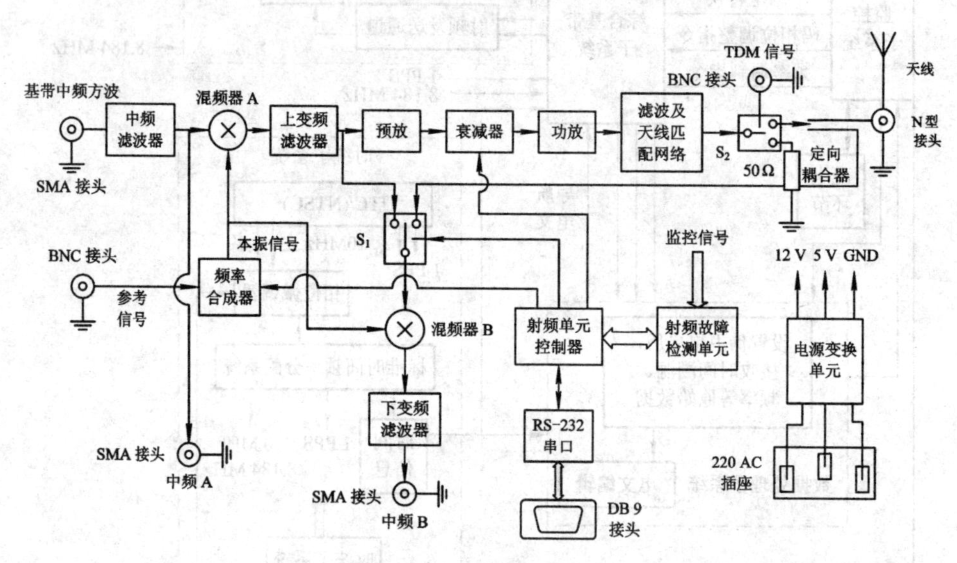

图 4.13 射频子系统的组成

由综合基带送来的方波 BPSK/TDM 调制中频信号，经中频滤波器滤波后变换为正弦波 BPSK/TDM 调制中频信号，经上变频滤波器后频率变为 C 波段上所需的发射频率，再经预放、衰减器、功放后将信号功率放大到所需功率，最后将功放输出信号经滤波及天线匹配网络等送至天线发射出去。为了防止功放噪声经天线辐射出去，在非有效信号发射期间，功放输出端经射频开关 S2 切换到 50 Ω 负载上，开关切换由基带送来的 TDM 信号控制。频率合成器的合成频率、衰减器的衰减值由数据处理和监控子系统的指令射频单元控制器通过 RS-232 串口设置。射频故障检测单元检测到的故障告警信息由射频单元控制器通过 RS-232 串口送至数据处理和监控子系统。

4.5　综合基带子系统

综合基带子系统是伪卫星系统的重要组成部分，其主要功能如下：

(1) 对从数据处理和监控子系统输入的导航电文加入帧同步头和伪码扩频，并对扩频后的信号进行 CDMA/TDM 和 BPSK 调制。在设备初始化时，能对扩展所用粗码进行码型选择，用粗码对载波进行调制，调制信号输出为单载波，并提供一路开关信号送入射频单元。

(2) 实时提供发射帧同步头标志脉冲。

(3) 接收时统子系统的时间和频率信息作为内部频率参考，实现综合基带子系统内部时间和其他频率的管理，提供三路时钟信号，送入射频时延测量子系统。

(4) 接收数据处理和监控子系统的启动时间预置信息，并将预置信息通知数据处理子系统，以使在预置时间到达前，数据处理子系统将电文缓冲到综合基带(码型选择)子系统。

(5) 对链路上的系统群时延分别进行均衡(根据伪卫星的群时延特性和发射系统的群时延特性进行)。

(6) 将故障告警信号由串口送至数据处理和监控子系统。

在确定了伪卫星信号体制后，下面将详细介绍伪卫星站中频调制信号生成的硬件实现载体——伪卫星综合基带子系统与其他子系统的接口定义、实现方案及综合基带子系统的工作流程、综合基带子系统硬件平台设计及实现。

4.5.1　综合基带子系统与其他子系统的接口定义

综合基带子系统是导航信号产生的核心单元，它在时统时钟的触发下生成时序精确的中频调制信号。它与数据处理和监控子系统、射频子系统、时统子系统及射频时延测量子系统都有接口，其接口定义如下：

(1) 综合基带子系统与数据处理和监控子系统之间的串口通信协议是基于帧格式的[42]。串口通信参数设置为 9600 b/s 的波特率、8 位数据位、1 位停止位、无奇偶校验和无流控制。串口为 9 针引脚的 RS-232 接口，采用三线连接方式，如表 4.2 所示。

表 4.2 三线连接方式

引脚	信号标识	功能描述
2	RX	从监控主机接收
3	TX	向监控主机发送
5	GND	地

数据帧格式如表 4.3 所示。一帧由帧开始标志、命令 ID、数据长度、数据和偶校验组成。根据命令的不同，一帧的长度为 5～193 个字节不等。命令用来对综合基带子系统进行设置或返回其当前的设置和状态信息。综合基带子系统与数据处理和监控子系统在同一个机柜里，距离很近，按照上述串口参数设计进行通信几乎不会产生错误。在数据帧的结尾处加入偶校验，可进一步提高通信的可靠性。

表 4.3 数据帧格式

帧开始标志	命令 ID	数据长度	数据	偶校验
1 字节	1 字节	2 字节	N 字节	1 字节

(2) 按照时间同步和相干性要求，时统子系统向综合基带子系统输出 1PPS 和 8.184 MHz 信号。综合基带子系统与时统子系统的接口定义如表 4.4 所示。

表 4.4 综合基带子系统与时统子系统的接口定义

指标 \ 信号	物理接口	信号电平	阻抗
1PPS	SMA(K)射频接头	0 V～5 V 方波	50 Ω
8.184 MHz	SMA(K)射频接头	5 dBm～7 dBm 正弦波	50 Ω

(3) 综合基带子系统将中频调制信号和开关控制信号送入射频子系统，两者的接口定义如表 4.5 所示。

表 4.5　综合基带子系统与射频子系统的接口定义

信号 指标	物理接口	信号电平	阻抗
射频开关信号	SMA(K)射频接头	0 V～5 V 方波	50 Ω
中频开关信号	SMA(K)射频接头	5 dBm～7 dBm 正弦波	50 Ω

(4) 综合基带子系统提供三路时钟信号送入射频时延测量子系统，两者的接口定义如表 4.6 所示。

表 4.6　综合基带子系统与射频时延测量子系统的接口定义

信号 指标	物理接口	信号电平	阻抗
CPLD 时钟	SMA(K)射频接头	0 V～5 V 方波	50 Ω
A/D 采样时钟	SMA(K)射频接头	0 V～5 V 方波	50 Ω
中频载波时钟	SMA(K)射频接头	5 dBm～7 dBm 正弦波	50 Ω

4.5.2　综合基带子系统的实现方案

从综合基带子系统的功能要求和信号指标要求上看，综合基带子系统要实现如下三大关键任务：

(1) 能够与其他系统联机工作，送入其他系统的信号符合信号指标要求。这些信号包括送入射频子系统的开关信号、中频调制信号和送入射频时延测量子系统的三路时钟信号。

(2) 具有验证综合基带子系统中频调制信号正确性和基带故障查询功能。

(3) 能够精确测量综合基带子系统的时延值。

这就要求综合基带子系统对中频信号、开关信号及时钟的时序控制要好，因此综合基带子系统信号产生部分采用现场可编程门阵列(FPGA)实现，其优点是设计灵活，可靠性好。考虑到综合基带子系统与数据处理和监控子系统通过 RS-232 串口进行通信，并按照预定的帧格式进行通信，为保证通信的可靠性并便于系统调试，故采用单片机完成 FPGA 与数据处理和监控子系统的数据通信。单片机和 FPGA 配合使用有很强的互补性。这样，可以发挥单片机性价比高、功能灵活、易于人机对话以及良好的数据处理能力等特点。同时，FPGA 具有高速、高可靠以及开发便捷、规范的特点。综合基带子系统的实现方案如图 4.14 所示。

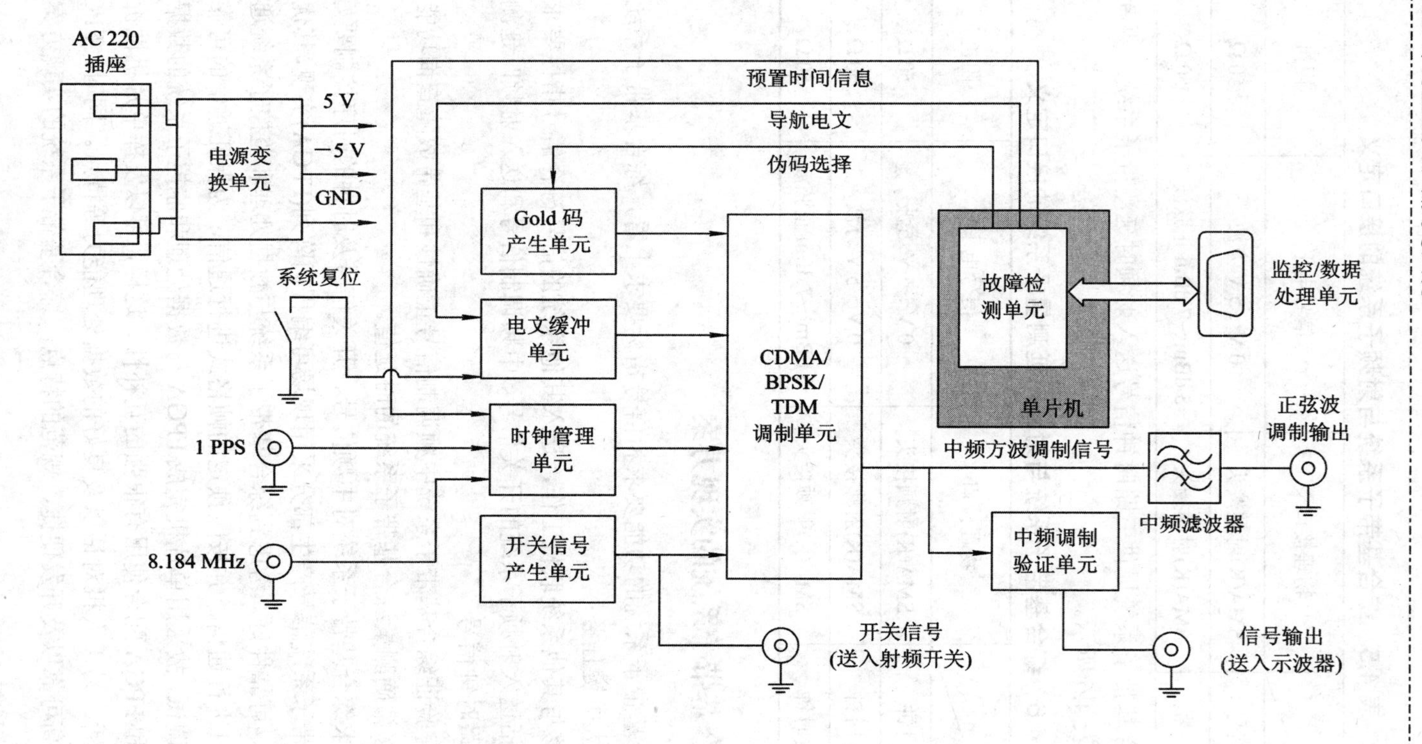

图 4.14 综合基带子系统的实现方案

可见，FPGA 是综合基带子系统实现中频调制的核心模块，主要分为 Gold 码产生单元、电文缓冲单元、时钟管理单元、CDMA/BPSK/TDM 调制单元和开关信号产生单元。使用 VHDL 语言对 FPGA 进行编程实现。FPGA 输出的中频调制信号为方波，经过滤波器变成符合接口标准的正弦波信号。

单片机是 FPGA 与数据处理和监控子系统通信的桥梁，两者根据预定的串口协议进行通信。通过串口通信，数据处理和监控子系统实现粗码型选择、导航电文加载、预置时间加载及基带健康状态的实时监控。基带健康状态查询主要包括 FPGA 锁相环锁定标志检测和 FPGA 内导航电文缓存单元 FIFO 的状态监控。

中频调制验证单元是为了实现对伪卫星中频调制信号进行验证。

在确保综合基带子系统可靠、稳定工作的状态下，综合基带的时延主要与工作温度有关。不同的温度对应不同的时延，时延值需要实测得出。最后把时延信息送入数据处理和监控子系统，以供电文补偿时延。

4.5.3　综合基带子系统的工作流程

综合基带子系统的工作流程如图 4.15 所示。

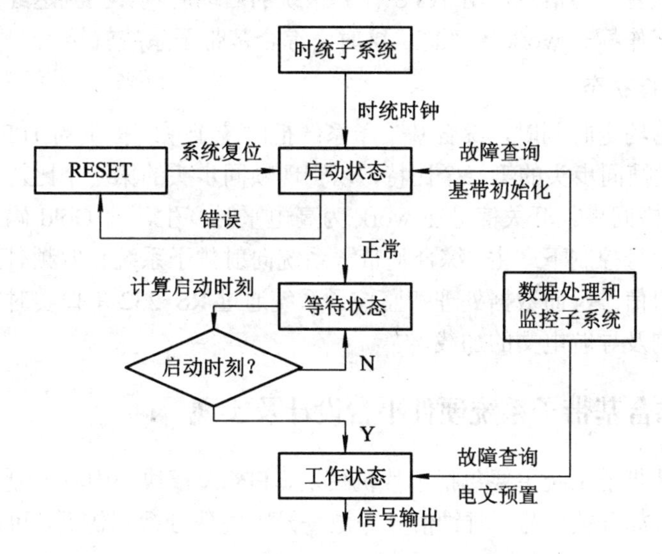

图 4.15　综合基带子系统的工作流程

系统上电后，电路板上的系统复位信号与时钟 1PPS 和 8.184 MHz 时钟引导综合基带子系统进入启动状态。在启动状态，数据处理和监控子系统完成综合基带子系统初始化和故障查询。若一切正常，则进入等待状态，否则，系统复位，重复上述过程，直到进入等待状态。在等待状态，由 1PPS 计算系统的启动时刻。当到达约定时刻时，综合基带子系统把时统子系统提供的 1PPS 作为启动脉冲，即发帧同步头的第一个比特，以实现帧同步头的第一个比特在时刻上与 CAPST 严格同步，这样综合基带子系统就进入工作状态。在工作状态，综合基带子系统完成系统任务要求，并通过 RS-232 串口完成与数据处理和监控子系统的通信。

综合基带子系统各状态的任务描述如下：

1. 启动状态

首先，时统子系统将 CAPST 时间信息送入数据处理和监控子系统，综合基带子系统完成上电复位。综合基带子系统与其他各子系统能正常通信；综合基带子系统的工作标志 work 置“0”；综合基带子系统应根据时统时钟 8.184 MHz 生成所需的工作时钟；数据处理和监控子系统首先对综合基带子系统进行故障查询。若正常，则完成对其初始化，包括码型选择、电文加载和预置时间加载。

2. 等待状态

根据预置时间信息，由 1PPS 计算系统的启动时刻。当到达约定时刻时，生成系统工作标志 work 置“1”。这时，综合基带子系统就转入工作状态。

3. 工作状态

当到达约定时刻时，综合基带子系统把时统子系统提供的 1PPS 作为启动脉冲，即发帧同步头的第一个比特，以实现帧同步头的第一个比特在时刻上与 1PPS 的严格同步。开关信号在 work 为高电平时产生，而 Gold 码、中频调制又在开关信号控制下产生。综合基带子系统向射频子系统和射频时延测量子系统送出接口信号，而数据处理和监控子系统通过 RS-232 串口实时完成综合基带故障查询及导航电文的加载。

4.5.4 综合基带子系统硬件平台设计及实现

综合基带子系统主要包括单片机模块、FPGA 模块和中频调制模块等。对关键的信号如开关信号、时钟信号等做信号完整性分析和仿真，可确保输出信号的质量。

1. FPGA 的设计

FPGA 具有编程灵活、可重复配置、时序精度高等优点，是实现数字设计的理想工作平台。FPGA 主要实现时钟综合管理、开关信号产生、Gold 信号产生、导航电文缓存及CDMA/BPSK/TDM中频调制等功能，因此FPGA设计是综合基带子系统的核心。

在FPGA设计中，信号时序的精确控制是需要认真考虑的问题。在设计中所有的时钟都由时统子系统提供的8.184 MHz时钟生成。此外，FPGA还需要有存储单元来缓存导航电文、伪码及开关信号等。

综合上述考虑，可选择ALTERA公司Stratix系列中的EP1S25F672C7器件。该器件采用1.5 V电源，0.13 μm全铜SRAM工艺，容量为25 660个逻辑单元(LE)，RAM多达1 944 576 bit，可集成10个DSP块和6个锁相环(PLL)，最大用户可用引脚数为472。Stratix器件是设计复杂的高性能系统的理想选择。

Stratix 器件支持各种差分和单端标准，很容易和背板、处理器、总线及储存器件相连接。单端系统比差分I/O标准提供更大的电流驱动能力，这在驱动板级信号时非常重要。设计中选用 TTL 3.3 V 接口电平，驱动电流为24 mA。

每个Stratix器件具有两种专用输出的PLL,分别为增强型锁相环(Enhanced PLL)和快速锁相环(Fast PLL)。前者用于片内和片外定时，后者用于高速信号源同步或通用，能够管理板级系统时序。每个Stratir器件总共有16个单端或8个差分输出。这些输出可为系统中的其他器件提供时钟，无需板上其他时钟源。

每个Stratix 器件有16个跨越整个器件的全局时钟网络,供所有模块使用。此外,每个器件中有4个区域时钟网络。这些时钟网络最适合于本地功能使用,因为它们有最短的路径和最小的偏移。每个区域有6个本地(区域)时钟使得任一区域的时钟总数增加到22个。这个高速时钟网络和丰富的PLL紧密地耦合在一起，确保了复杂设计能够在最优的性能和最小的时钟偏移下运行。

Stratix功能强大的锁相环和先进的时钟网络，是综合基带子系统实现数字中频调制时序可靠设计的有力保证。

2. FPGA中时钟管理单元的设计

综合基带子系统需要生成的时钟有两类：

(1) FPGA内的工作时钟：包括粗码时钟(1.023 MHz)、中频时钟(65.472 MHz)及系统工作时钟(130.944 MHz，中频的两倍)。

(2) 送入射频时延单元的时钟：包括 A/D 采样时钟(32.736 MHz)、CPLD时钟(65.472 MHz)及中频载波时钟(65.472 MHz)。

上述时钟与8.184 MHz时钟成整数倍关系，在设计中主要用于指定时钟分频倍频、分频因子及锁相环锁定标志等。

时钟管理单元的时序仿真波形如图 4.16 所示。从图中可以看出，锁相环既能输出两倍中频时钟(clk130)这样的高频时钟，又能输出粗码时钟(clk_ca)这样的低频时钟，而且锁定时间很短，约为 546 ns。

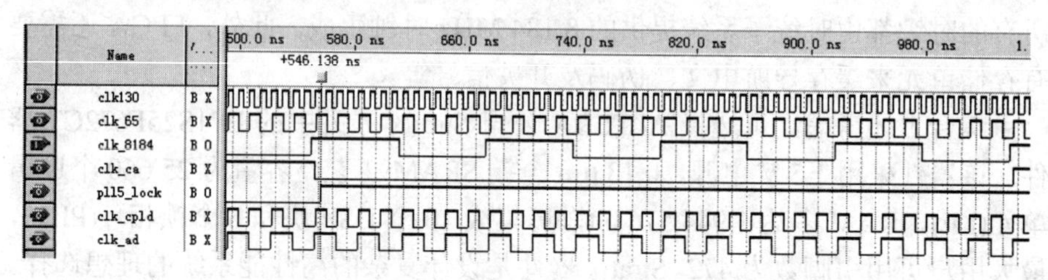

图 4.16　时钟管理单元的时序仿真波形

3．开关信号的设计

伪卫星采用时间分割调制方案来避免远-近问题，即在开关信号有效(为“1”)时输出调制信号，无效(为“0”)时不进行调制，输出“0”。可见，基带信号的产生完全受开关信号控制。所以，产生符合技术规范要求的开关信号事关整个系统的正常工作。

开关信号具有如下特征：

(1) 开关信号是一个周期信号，其周期为 11 ms。

(2) 平均每 1 ms 只发送 1/11 ms 的信号，其余时间不发送，即 1023 bit 的数据要分 11 次发送，平均每 1 ms 只发送 93 bit。

(3) 在一个周期内开关信号有这样的规律：在最后一个 1/11 ms 到来之前，都是先发送 1/11 ms，然后关闭 1 ms，这样重复 10 次，再加上最后一个 1/11 ms 有效时间，恰好为 11 ms。

因此，产生开关信号有两种方法：一种是把开关信号放在 ROM 中，直接读取 ROM 中的开关信号来控制整个调制过程；另一种是通过状态机来产生开关信号。这里只介绍第一种方法。

如果以粗码时钟(1.023 MHz)来读取开关信号，共需 1023 × 11 bit。可以把预先产生的开关信号预置在 ROM 中，外加一个计时器来循环读取 ROM 中的开关信号。即当伪码时钟到来时，计时器加“1”，顺序读取 ROM 中的开关信号来控制信号的调制；当计时器数值为 1023 × 11 时，也就是读取最后一个比特的开关信号，计时器清零，开始读取下一个周期的开关信号。

开头信号的时序仿真波形如图 4.17 所示。从图中可以看出，开关信号(tdm_signal)的一个周期为 10.999 998 801 ms，与标准的 11 ms 相差 1.2 ns，这是由于仿真软件没有严格地取 1.023 MHz 时钟的缘故。需要注意的是，从 ROM

中读出的开关信号要延迟两个读时钟周期。

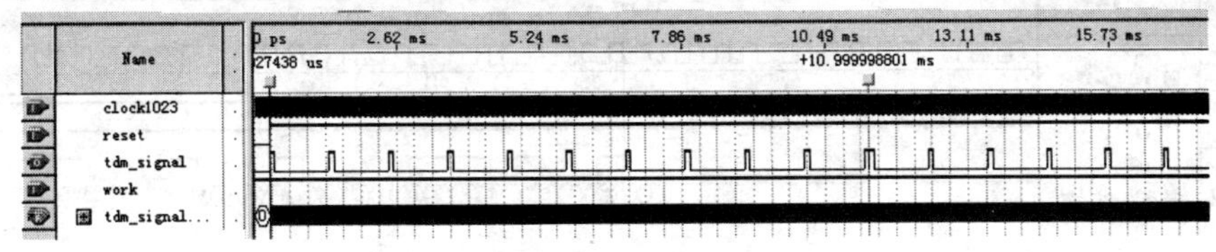

图 4.17　开关信号的时序仿真波形

在实际应用中，要考虑射频开关的电气特性：送入射频单元的开关信号应该在中频调制信号到来之前要稍微提前打开，在中频信号发射完毕之后要稍微推迟关闭。

4．粗码的设计

CAPS 伪卫星粗码选用 GPS-ICD-200 规范中公开发表的 37 种 Gold 码。在伪卫星站初期研制阶段，有 5 种粗码可供选择就足够了，综合基带选择了规范中的第 33～37 号码型。

粗码的设计也有两种方法可供选择：一种是把 Gold 码放在 ROM 中，直接读取 ROM 中的码字来实现扩频过程；另一种是根据粗码生成器的结构图来编程实现。下面分别介绍这两种方法。

由于目前只选择 5 种粗码就足够了，所以共需 1023 × 5 bit 的存储单元。于是可以把预先产生的粗码预置在 ROM 中，外加一个计时器来循环读取 ROM 中的粗码。当开关信号有效(为“1”)，且在伪码时钟到来时，计数器加“1”，顺序读取 ROM 中的粗码来进行信号的扩频调制，当计数器值为 1023 时，也就是读取最后一个比特的粗码，计数器清零，开始读取下一个周期的信号；当开关信号无效(为“0”)时，计数器数值不变，即粗码输出保持不变。

粗码的基本功能块是线性反馈移位寄存器(LFSR)。由 N 个寄存器组成的 LFSR 可以构成 $2N-1$ 阶 LFSR 序列。在每个时钟周期，这些寄存器的内容右移一位。由生成多项式确定的寄存器抽头与最左端的寄存器通过一个异或门连接起来形成反馈结构。两个优选的 LSFR 输出结果模二相加就产生粗码。需要说明的是，只有在开关信号有效时，产生上述动作；反之，粗码输出保持不变，即两个 LFSR 中的内容不变。

用这两种方法产生粗码都比较简单，考虑到 FPGA 的存储单元很多，选用第一种方法。

粗码的时序仿真波形如图 4.18 所示。这里选择 GPS-ICD-200 规范中的第 35 号码型，图中的前 10 个码为“1001011100”与规范中的前 10 个码相吻合。从图中也可以看出，从 ROM 读出的粗码有两个时钟的延迟。

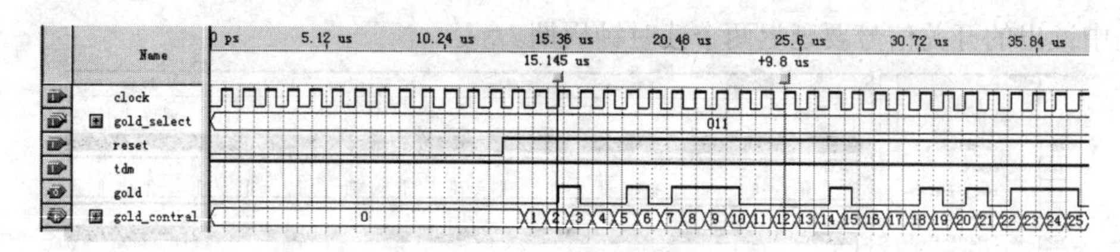

图 4.18　粗码的时序仿真波形

5. 缓存队列的设计

综合基带子系统本身不产生导航电文，导航电文是由数据处理和监控子系统提前预置给综合基带子系统的。这需要解决两个问题：一是如何提前准备好导航电文；二是导航电文如何按照正确的时序读出。

数据处理和监控子系统通过串口送给综合基带子系统的电文速率与综合基带子系统进行扩频调制时的电文速率显然是不一样的，也是不同步的。可以考虑采用双时钟队列(关于队列更为详细的说明可参考 ALTERA 公司发布的数据手册)，写操作由单片机完成，读操作由 FPGA 完成。

队列数据的宽度最大可为 256 bit，队列深度最深可为 2^{17}。把队列中剩余字节数送入监控单元，数据处理和监控子系统根据队列中剩余字节数来判断是否要继续加载电文。电文的一帧为 1500 b/s，由于采用时间分割的调制方式，就把发送时间拉长为原来的 11 倍，需要 330 s 才可以发完一帧。图中队列的数据宽度为 3 bit，深度为 4，能够缓存 10 个完整点的数据帧，因此共需 3300 s 才可以把这些帧发送完。可见，在相同的时间里接收机从伪卫星获取的信息远远不如从卫星获取的信息。

双时钟队列的时序仿真波形如图 4.19 所示。当异步清零端(aclr)为高电平时，输出端(q)全为零。这时，读空标志位(rdempty)为高电平。当写有效(wrreq =“1”)时，由写时钟(wrclk)顺序写入数据。当队列中剩余字节数(rdusedw)非零时，读空标志位拉低。当读有效时，由读时钟(rdclk)顺序读出数据。当队列剩余字节数为零时，读空标志位拉高。

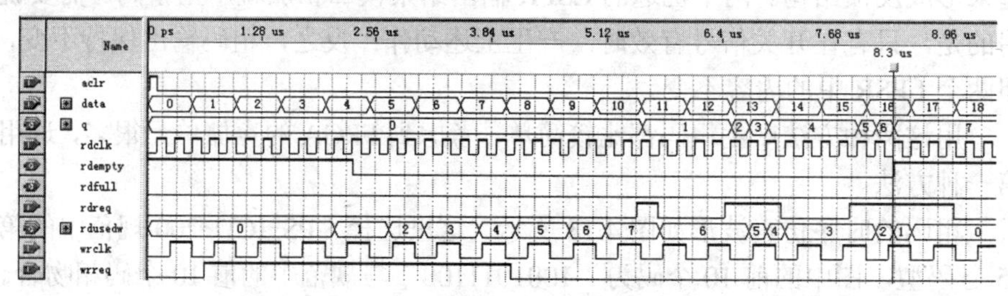

图 4.19　双时钟队列的时序仿真波形

采用双时钟队列能够解决电文读写不同步的问题，即在读电文时刻到来之前，数据处理和监控子系统提前把电文放到队列中，在读时刻到来时，读出电文，同时完成中频调制。

6．中频调制模块的设计

在单片机模块和 FPGA 模块设计好以后，就可以设计中频调制模块了。由于采用方波调制方案，不需要成形滤波器、数控振荡器(NCO)等数字单元，所以中频调制的复杂性大大降低。

当开关信号为高电平时，系统进行调制；反之，输出为零(这样做是避免在信号不调制时影响射频单元)。在调制时，导航数据先于 Gold 码扩频，即两路信号经过异或门就可完成扩频；扩频后的信号再与中频方波调制。系统的工作频率为 130.944 MHz(两倍中频时钟)。可见，采用方波调制方案实现中频调制，系统工作频率不是很高，仅仅需要几个 D 触发器和异或门就可完成。

中频调制的时序仿真波形如图 4.20 所示。可见，中频调制输出(if_out)在由系统时钟(clock_130)采样后，在相同跳变处可消除毛刺，且相位跳变为严格的 180°，这就保证了中频调制信号的质量。

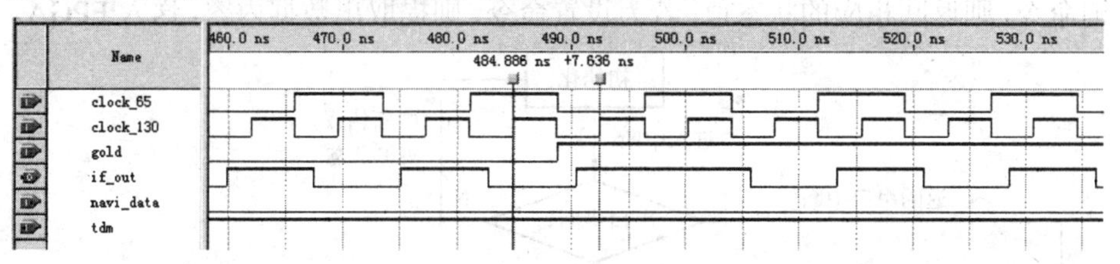

图 4.20　中频调制的时序仿真波形

7．单片机的设计

单片机和 FPGA 构成综合基带子系统的主体。综合基带子系统与数据处理和监控子系统通信时，综合基带子系统为被动者，数据处理和监控子系统为主导者。综合基带子系统接收从数据处理和监控子系统中发送的命令并立即做出响应。表 4.7 为综合基带子系统与数据处理和监控子系统通信中所使用的命令，可分为设置命令和查询命令两类。

设置命令的预置时间和预置电文用于在系统启动前将时间和电文信息保存，以供以后传递给数据处理子系统；其他设置命令用于在系统运行时打开或关闭信号，或对发射信号的伪码进行选择。

查询命令中的联机查询用于检测综合基带子系统与数据处理和监控子系统串口通信是否正常；故障查询用于获取 FPGA 锁相环锁定标志状态和缓存队列的剩余电文比特数，使数据处理和监控子系统能够及时通过串口加载电文；温度测量用于测量周围工作环境温度，使数据处理和监控子系统在不同的温度选择对应的时延值。

表 4.7　命令集

命 令 描 述		命 令 ID
设置命令	复位 FPGA	0 (00h)
	关闭 FPGA	1 (01h)
	伪码选择	2 (02h)
	预置时间	3 (03h)
	预置电文	4 (04h)
查询命令	温度测量	5 (05h)
	故障查询	6 (06h)
	联机查询	7 (07h)

单片机的工作流程如图 4.21 所示。单片机接收数据处理和监控子系统发来的数据帧，进入串口中断，若中断正常，则分析数据帧的命令类型。若为查询命令，则返回相应的状态值；若为设置命令，则提取出数据内容，送入 FPGA。

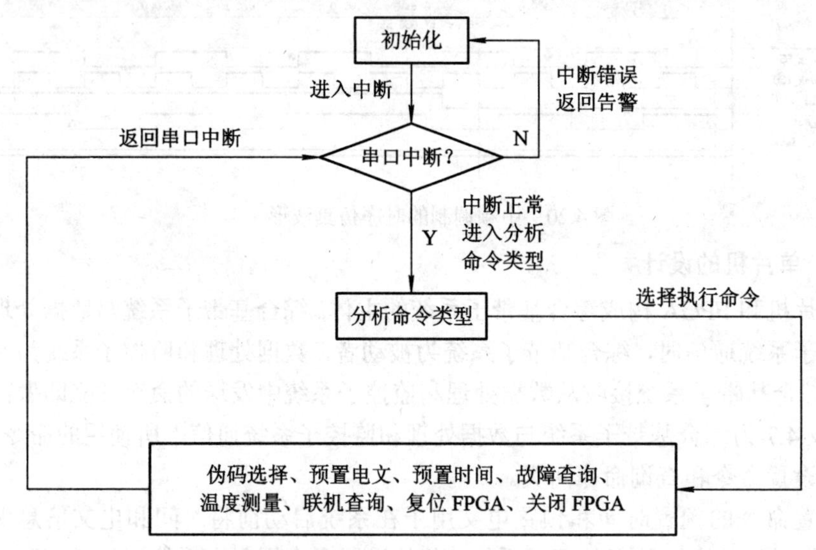

图 4.21　单片机的工作流程

8. 信号完整性仿真分析

综合基带子系统送出的信号线很多，有接入射频子系统的开关信号(tdm_signal)、中频方波调制信号(data_out)，接入射频时延测量子系统的中频时钟信号(clock_if)、A/D 采样时钟信号(clock_ad)及 CPLD 采样时钟信号(clock_cpld)。所有的这些信号都应尽量在顶层走线。为了获得 50 Ω 的特性阻抗，信号线宽应为 1.016 mm。在输出的这些信号中，我们最关心的是中频方波调制信号，因为它的好坏最终关系到中频滤波信号的输出。中频方波调制信号的完整性曲线如图 4.22 所示，上面的曲线是 FPGA 中频方波调制的输出，下面的曲线是中频信号经过穿行终端匹配电阻的输出。可见，在 Stratix 的输出采用穿行终端匹配可有效地消除信号的反射，没有过冲、振铃等现象，从而保证了中频方波调制信号的完整性。

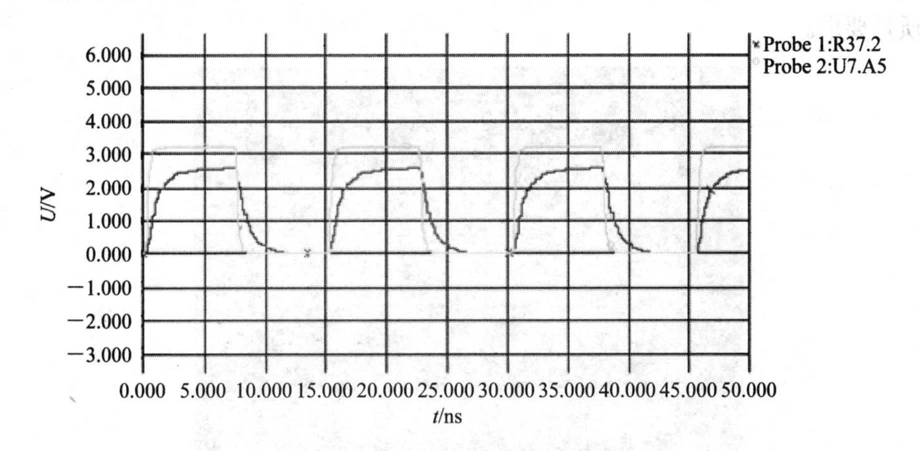

图 4.22　中频方波调制信号的完整性曲线

9. 综合基带子系统的测试结果及性能分析

综合基带子系统的硬件平台如图 4.23 所示。在没有与其他子系统联调之前，需要对综合基带子系统的功能、生成信号的技术指标及系统可靠性方面单独进行评估。

图 4.23　综合基带子系统的硬件平台

综合基带子系统的评估主要分为以下几个部分：

(1) 对综合基带子系统发射部分进行评估。即关心开关信号和中频调制信号的质量。这两路信号送入射频子系统；混频器输出信号，即验证单元输出。

(2) 对综合基带子系统时延测量值进行测量。

10. 综合基带子系统发射部分的测试

图 4.24 所示为综合基带子系统输出的中频调制信号，其放大后的信号如图 4.25 所示。实际信号没有振荡和过冲，相位跳变为 180°，符合 BPSK 信号质量要求。

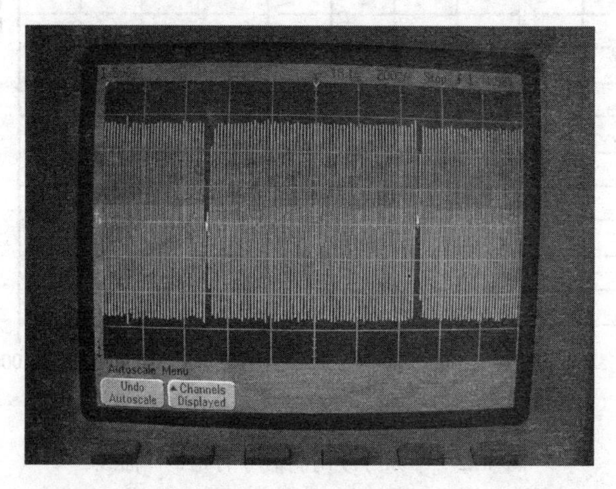

图 4.24 中频调制信号

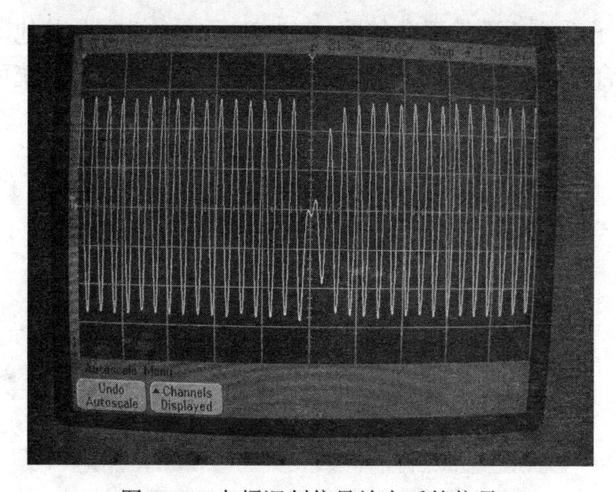

图 4.25 中频调制信号放大后的信号

滤波后的中频调制信号在矢量信号分析仪的测试结果如图 4.26 所示。其星座图和眼图比较理想，符合 BPSK 信号规范。因此，实测结果表明该中频方波调制方案是行之有效的。

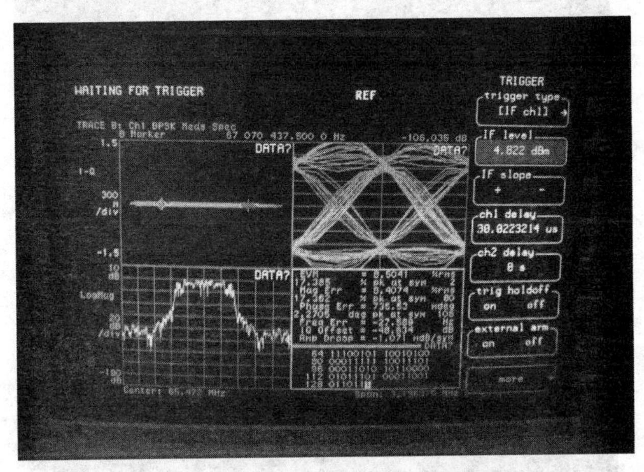

图 4.26　中频调制信号输出星座图和眼图

送入射频子系统的开关信号(见图 4.27)，也是需要重点考察的信号。考虑到射频开关信号需要有一定的响应时间，所以，开关信号比中频调制信号要稍微提前打开，在调制结束之后，开关信号比中频调制信号要稍微推迟关闭。这样，可以保证要发送的中频调制数据不丢失。

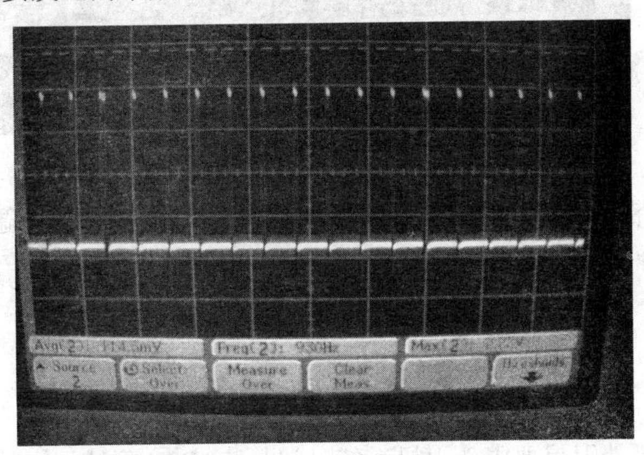

图 4.27　开关信号

调制验证单元的输出结果和 FPGA 直接输出的粗码送入双踪示波器，如图 4.28 所示，会发现两者的结果是一致的。所不同的是，前者输出的是双极性电平，而后者输出的是逻辑电平。放大后的信号如图 4.29 所示。

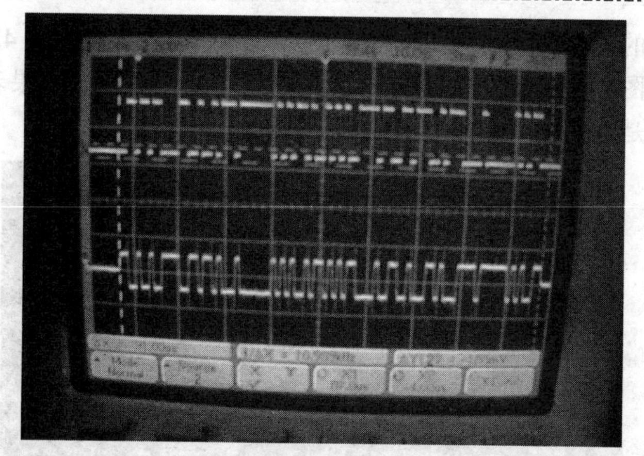

图 4.28　调制验证输出与粗码

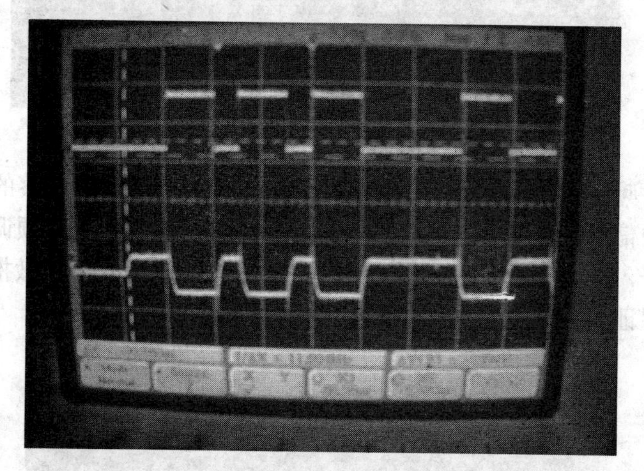

图 4.29　调制验证输出与粗码局部放大图

综合基带子系统发射部分的测试结果表明采用中频方波调制方案生成的信号完全符合信号技术指标的要求。

4.6　时统子系统

直接测距伪卫星要求伪卫星系统时间与 CAPST 保持同步关系，即把伪卫星时钟同步到 CAPST。一般实现同步有两种方法：一种是通过共视 CAPS 卫星；另一种是通过卫星双向时间比对。

时统子系统的主要功能是为系统提供统一的时间基准。具体就是通过时间比对溯源到国家授时中心 UTC(NTSC)，与 CAPST 保持同步，将参考时间

1PPS 和频率信号(10 MHz/8.184 MHz、1.023 MHz)分配到各类相关设备，并按照要求产生和分配标准时间编码。时统子系统由原子钟及外围设备、频率分配放大器、脉冲信号分配放大器、频率综合器、计数器、频谱仪等设备组成。实现本地时钟与中央站时钟同步的技术途径是：通过 CAPST(时统子系统的时间信号，即 CAPS 时间)溯源到 UTC(NTSC)。

4.6.1　共视

共视(Common-View，CV)测量方式具有设备简单，使用费用低，易维护，可连续运行等特点。在共视方式下，两个相距很远的观测站在同一时间用两个接收机观测同一颗卫星，以卫星钟时间作为公共参考源，来测定两用户时钟的相对偏差。确定两地观测的差值后，就可以得到这两地之间时钟的差值，达到高精度时间比对的目的。不过，这两地的用户必须交换和共享数据。这种交换有时会存在一些具体的困难，因为其中一处可能无法通过方便、快捷的数据链来发送和共享数据[44, 45, 46]。

在两个或多个测站上各安放一台卫星定时接收机(见图 4.30)，在相同的时间内，观测同一颗中继卫星，便可以测定用户时钟偏差，从而可以修正用户端时钟，提高用户间的时间同步精度。

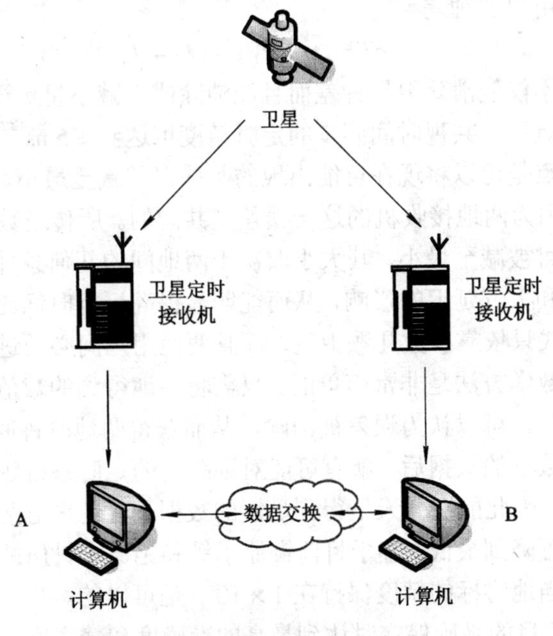

图 4.30　两站共视比对定时法

当两个测站观测同一颗卫星时能测得两个测站时钟的同步性。两个测站所测得的用户时钟偏差分别为

$$\Delta T_1 = t_1' - t_1 + \Delta T_S - \tau$$

$$\Delta T_2 = t_2' - t_2 + \Delta T_S - \tau$$

式中：ΔT_S 为卫星相对于 CAPST 时间之差；τ 为转发式卫星导航系统信号传输时的附加时延；t_1、t_2 分别为用户定时接收机 1、2 实际传播时间；t_1'、t_2' 分别为用户接收机 1、2 所测传播时间。因为观测的是同一颗卫星，故ΔT_S 和 τ 是一样的。

通过数据传递将测站 A 的用户钟差送至测站 B，故知两个用户的钟差为

$$\delta T = \Delta T_2 - \Delta T_1 = (t_2' - t_1') - (t_2 - t_1)$$

共视比对消除了转发式卫星的时钟偏差ΔT_S，实际传播时间 t_1、t_2 是依据测站位置和卫星位置而求得的。

由于 CAPS 是转发式卫星导航，因此卫星的星历误差是一项重要的误差源，它将引起 t_1、t_2 的偏差Δt_S，则有

$$t_1 = T_1 + \Delta t_S$$

$$t_2 = T_2 + \Delta t_S$$

其中，T_1、T_2 是真实传播时间(除去星历误差)。

故知共视用户的钟差为

$$\delta T = (t_2' - t_1') - (T_2 - T_1)$$

共视定位不仅能消除卫星钟差而且能消除或者减小星历误差的影响。现在转发式卫星导航系统共视时间同步的定时精度可达到≤5 ns[47]。

共视的优点是可以将现在可能出现的某些误差减至最小。卫星时钟误差会被全部消除，因为两地接收机的这一误差是共同的。所传送数据中的星历误差不能被消除但可被减至最小，其大小取决于两地间的几何条件。共视还可削弱卫星轨道误差和大气延迟的影响，从而能明显提高运行时间比对精度。共视的缺点是，该方式只依靠少数几颗卫星，而且两地用户间必须进行数据交换。此方式中所用的数学方法是非常简单的。只需将各地得到的数值相减，在两地不超过一定范围时，可以认为误差被消除，从而获得两地时钟间的差值。

有了一定数量的数据后，就有可能对远距离的定时系统进行控制。由于卫星数量的增多，因此能在一天里得到足够的数据。通过平滑两天的间隔，数据中的许多波动可降到最低。鉴于目前铷原子钟和铯原子钟所能达到的性能，可以证明，要将当地时标的精度保持在 1×10^{-13}是可以的。

共视定时的目的是确保定时达到最高的准确度和精密度。因为 CAPS 使用

的是同步卫星，所以，在中国区域都可以观测到卫星。确保两地在同一时刻开始观测是非常重要的。唯有如此，才能使两个测站测得的系统中的所有扰动都是相同的。这将有助于减小某些误差。另外，检查两个测站是否保持时间同步(即 UTC 或 CAPST)是极其重要的。当其中一个测站对原始数据求平均或作线性回归时，重要的是两个测站所取数据的时间长度必须完全相同。由于在不同时间间隔的数据平均值会有所不同，所以某些误差会导致结果偏离。

4.6.2　卫星双向时间频率比对(TWSTFT)

两地间的时间同步，除了上述方法以外，还可以采用卫星双向时间频率比对[48, 49]实现。卫星双向时间频率比对是点对点的比对，称做比对链，其基本原理如图 4.31 所示。

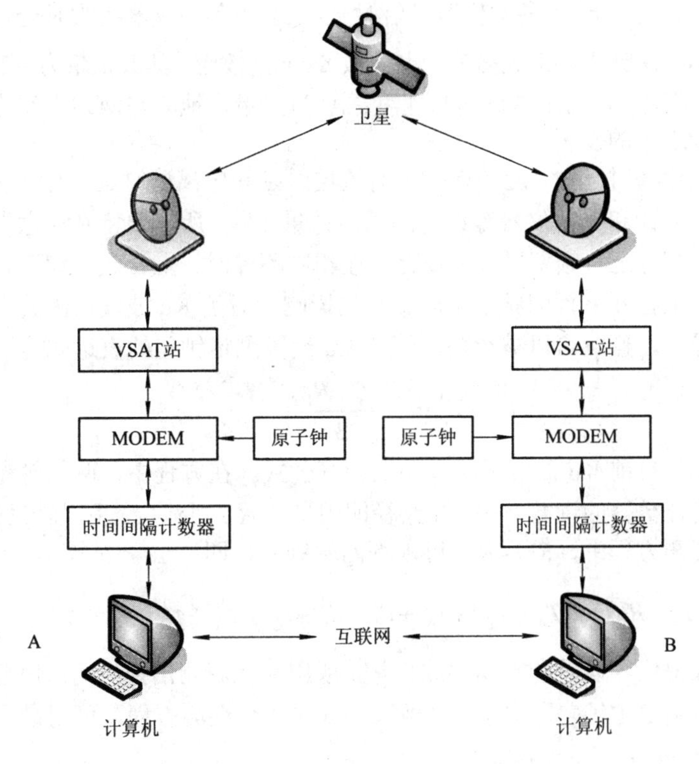

图 4.31　卫星双向时间频率比对的基本原理

A 站和 B 站完全处于同等的地位。A 站时间基准的秒脉冲(1PPS)经终端调制成中频(70 MHz)，由 VSAT 站变成射频送至卫星，卫星转发器把信号变成下行频率送至 B 站，B 站 VSAT 接收后变成中频 70 MHz，经终端 MODEM 的解调求得本地时间基准和 A 站秒脉冲经路径时延后的时刻差。因此，时间间隔计数器的值不是真正的 B 站与 A 站之间的时间基准的时刻差，存在路径时延的影响。同样，B 站同时刻也发送 B 站基准信号给 A 站，过程和 A 站的相同，于是求得 A 站和 B 站经时延的时刻差，其关系可表示为

$$\begin{aligned} R_{BA} &= T_B - T_A + t_A^U + \tau_s + \tau_A^T + \tau_B^R \\ R_{AB} &= T_A - T_B + t_A^D + \tau_s + \tau_B^T + \tau_A^R \end{aligned} \tag{4-3}$$

其中：R_{BA} 为 B 站时间间隔计数器读数(相对于 A 站的秒脉冲)；R_{AB} 为 A 站时间间隔计数器读数(相对于 B 站的秒脉冲)；T_B 为 B 站钟面时刻；T_A 为 A 站钟面时刻；t_A^U 为从 A 站到卫星上行信号时延；t_A^D 为从卫星到 A 站下行信号时延；t_B^U 为从 B 站到卫星上行信号时延；t_B^D 为从卫星到 B 站下行信号时延；τ_s 为卫星转发器的时延；τ_i^T 为各站仪器发射时延；τ_i^R 为各站仪器接收时延。

式(4-3)中未计入相对论效应，也称做 Sagnac 效应，其改正量为 $-2\omega A/c^2$，其中：c 为光速；ω 为地球旋转角速度；A 为卫星、地心与两站之间连线围成的面积在赤道上的投影。

在路径传播时延中，应考虑大气对流层时延和电离层时延。对流层时延已采用微波辐射计和气象仪器等设备测试后计量扣除。所以要特别注意电离层时延，因电离层时延与频率平方成反比，在相同路径时，上行频率和下行频率不同，要考虑上行和下行因频率不同引起的影响；对于 Ku 波段，因其上、下行电离层差异小，影响可以被忽略，因此 Ku 波段测定钟差的表达式为

$$T_A - T_B = \frac{R_{AB} - R_{BA}}{2} \tag{4-4}$$

式(4-4)是目前 Ku 波段卫星双向法归算公式。在方程中，两站钟差仅和两站时间间隔计数器的读数有关，和路径即卫星位置、对流层、卫星转发器无关。

原始观测方程中，$R_{AB}-R_{BA}$ 可求得两站钟差，即

$$R_{AB} - R_{BA} = 2(T_A - T_B) + t_A^D + t_B^U - t_A^U - t_B^D + \tau_A^R + \tau_B^T - \tau_A^T + \tau_B^R \tag{4-5}$$

如果求得仪器误差和电离层改正量，或用双频观测消掉电离层时延，那么可高精度地确定主钟差。对于 n 个测站，有 C_n^2 个观测方程，可用最小二乘法求得 $n-1$ 个钟差。

卫星双向时间频率比对系统设备复杂，需要有 VSAT 天线。

由于伪卫星要做成移动站，因此采用共视技术来实现伪卫星系统时间与 CAPST 保持同步，使用无线网卡来实现数据发送和共享。

4.6.3　系统组成

图 4.32 所示为 CAPS 伪卫星站时统子系统组成原理图[50]。该系统由四个基本单元组成，其主要功能如下：

(1) 时统参考信号产生单元产生系统所要求的参考频率信号、参考时间信号和钟面时间信息。

(2) 信号分配单元完成各种信号分配。

(3) 外部比对单元实现该系统与 CAPST 比对链路连接，为该系统时统参考信号与 CAPST 建立和保持同步提供支持。

(4) 测控及数据处理单元主要完成以下功能：

① 时间和频率比对数据的收集和处理；

② 系统设备工作状态的监视；

③ 系统管理；

④ 提供电文所需要的时钟信息及改正参数。

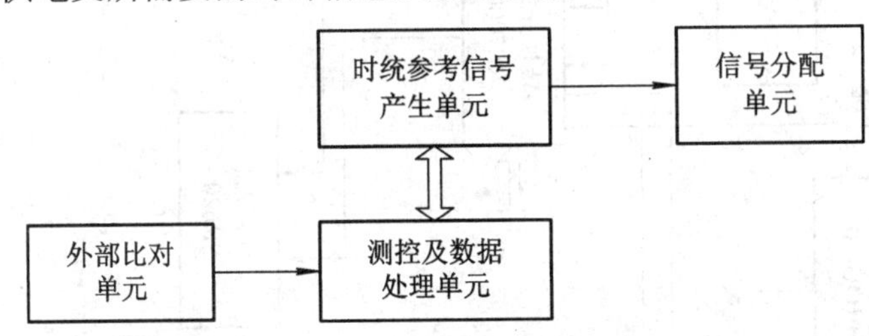

图 4.32　CAPS 伪卫星站时统子系统组成原理图

4.6.4　硬件配置

图 4.33 给出了 CAPS 伪卫星站时统子系统硬件配置及相互连接的详细框图。出于成本及系统应尽量小规模化的考虑，只对频标部分采取了主备冗余措施。本方案铷频标选用 FS 725，除考虑它具有漂移小、稳定度高和相位噪声低外，该频标特有的自动校准功能，很容易实现一个冗余系统对备份频标在备用期间能自动与工作频标保持同步的要求。利用图 4.33 所示的简单安排，频标 B 频率输出和 1PPS 输出与频标 A 相应输出都能保持同步，从而减少了频标切换过程中频率不一致性带来的问题，同时也为系统保存了两个最基本的频率和时间参考(可称系统时间和频率再生基因)。也就是说，当系统中只有一个 FS 725 在工作时，系统无论出现什么故障，都可以在短时间内重建和恢复。这是设计的一个亮点。

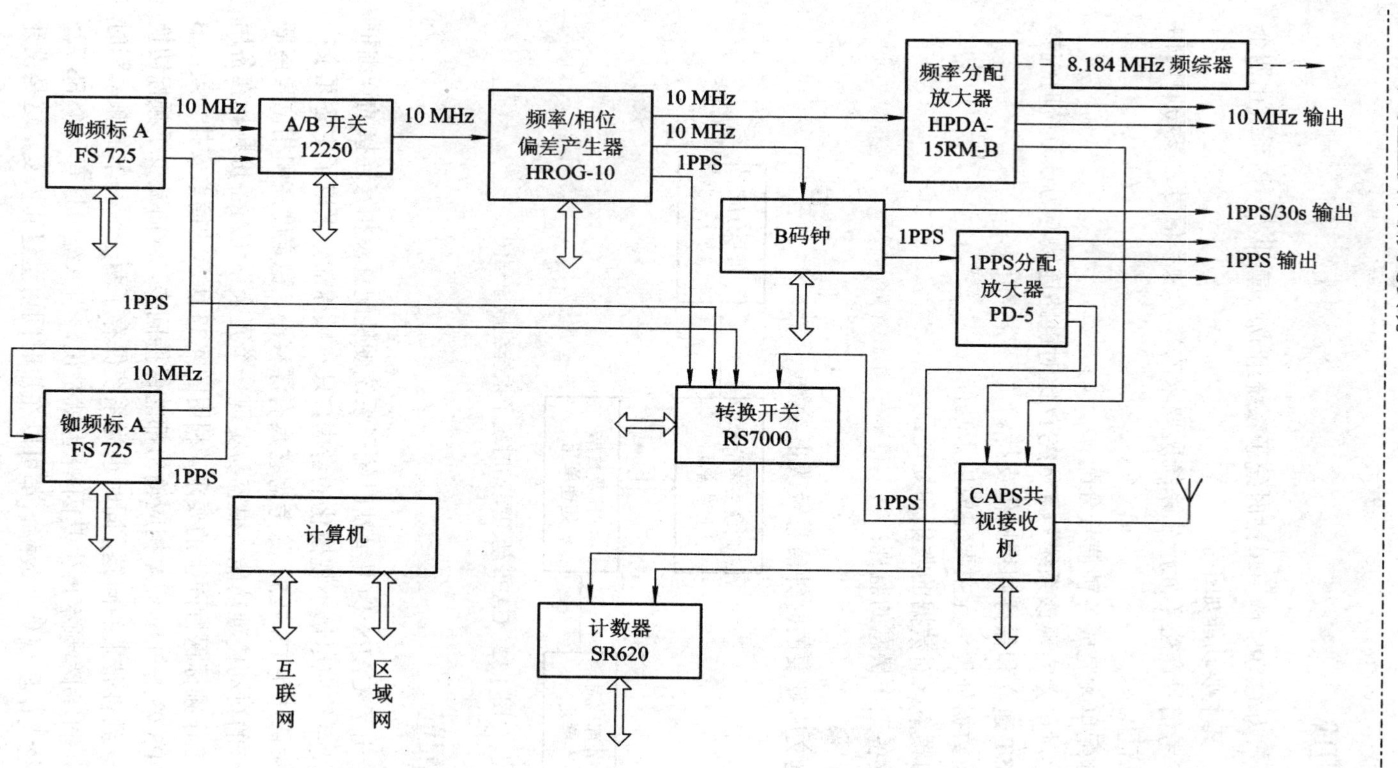

图 4.33　CAPS 伪卫星站时统子系统硬件配置及相互连接的详细框图

该系统需要与CAPST保持高度的同步，因此二者之间的比对不可缺少。这里考虑使用CAPS共视法来实现。与采用GPS共视法相比，采用CAPS既能增强系统的自主性，又能利用CAPS卫星轨道参数提供的快速性和高准确度，可期望获得比GPS共视法更好的结果。再者，CAPS信号工作在C波段，较之GPS受电离层的影响较小，从而减轻了对电离层精确时延修正的依赖。初步估算，在对电离层时延不加修正的情况下，由电离层引起的共视比对误差在1 ns量级(基线1000 km～2000 km，纬度30°～40°)。比对误差的最终校验采用可移动的CAPS卫星双向时间频率比对终端实现。

伪卫星发射时间相对于CAPS的改正数在电文中以可允许的有限范围给出。由于铷频标固有输出频率的准确度不高，且又存在着较大的老化率，要想使其与CAPST保持一定范围内实时同步，有时需要不断对它进行精密的频率补偿和相位调整。系统配置了一台高分辨率的频率/相位偏差产生器予以辅助。

由转换开关和计数器组成的多路信号测量单元主要用来测定系统中有关信号的时间和频率关系，以用于监视、调整和控制。比对数据的处理系统设备工作状态的监视及系统管理由计算机承担，与主控站的数据交换和为电文编辑器提供所要求的时间数据也通过计算机来实现。

4.7　数据处理和监控子系统

数据处理和监控子系统对所有子系统的工作状态和运行状况进行集中监视、显示和控制，在子系统异常情况下可采取措施，保证系统的正常运行。数据处理和监控子系统具有较快的数据处理能力，能够按照系统提出的广播电文参数的更新周期要求，完成所有的计算任务。

数据处理和监控子系统的主要功能如下：

(1) 对各子系统的运行状态和故障警告信号进行集中处理。

(2) 接收综合基带及射频时延测量子系统的时延信息并进行计算。

(3) 接收时统子系统的CAPST时间信息。

(4) 实时测量发射子系统的时延。

(5) 生成导航电文并按指定格式和时间周期编辑，将其送入综合基带子系统。

(6) 具有开机自检、工作状态显示及输入初始化参数的功能，能够对关键部件进行故障自动巡检、报警。

(7) 根据伪卫星站的位置、通道时延数据、时间溯源数据进行适当的处理，按预定的格式形成导航电文，并在指定的时间将其送到综合基带子系统中。

数据处理和监控子系统的软件设计是针对工控机的。工控机的操作系统采用 Microsoft Windows 2000，编程语言采用 Microsoft Visual C++ 6.0。软件可分为以下几个模块：串口通信模块、监控/警告模块、导航电文处理模块、历史数据记录/查询模块、打印模块和人机交互界面模块。该软件采用多线程技术，实时采集需要监控的信息。数据处理和监控子系统的软件层次框图如图 4.34 所示，界面图如图 4.35 所示。

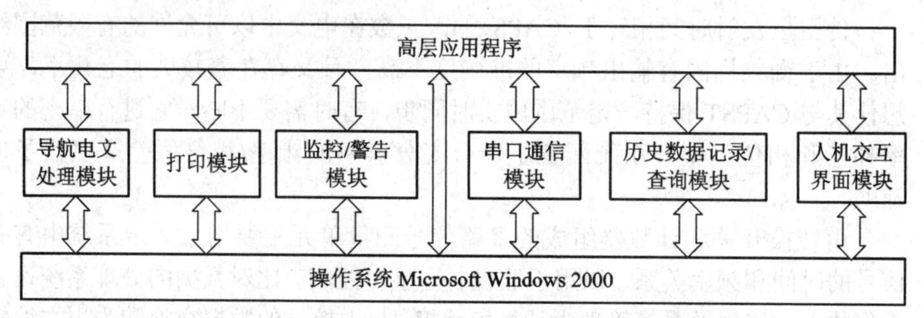

图 4.34　数据处理和监控子系统的软件层次框图

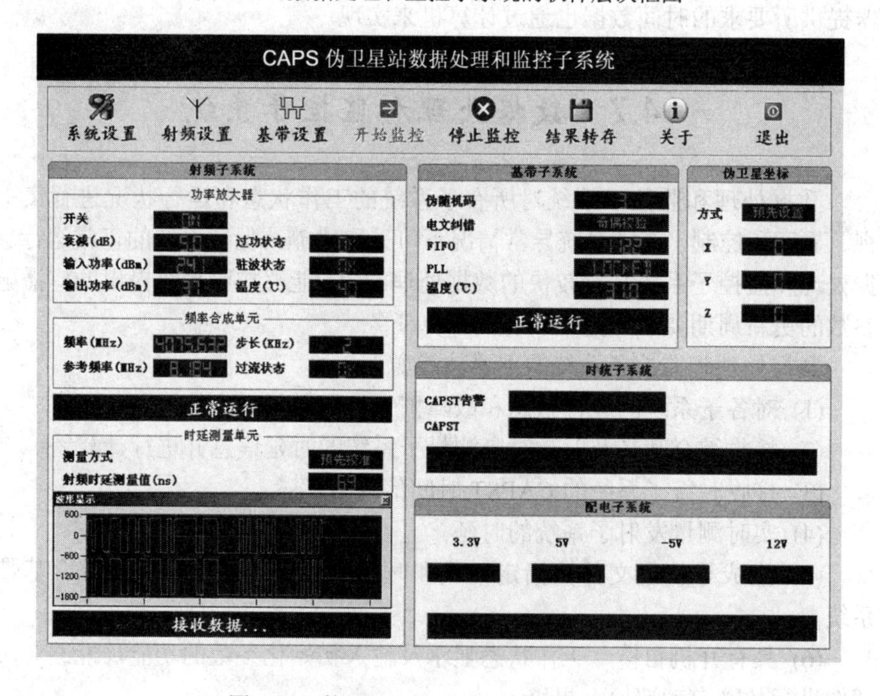

图 4.35　数据处理和监控子系统的界面图

4.7.1　伪卫星导航电文

与 CAPS 导航主控站一样，CAPS 伪卫星站也需要生成导航电文。CAPS 导航信息由测距码和导航电文承载。测距码提供伪码距离测量手段；CAPS 导航电文提供用户位置、速度和时间解算所必需的数据信息。导航电文是用户用来定位和导航的基础数据。

导航电文中主要包含的导航信息有同步码、时间码、伪卫星站时钟改正、频率改正、电离层时延改正、卫星星历、气压高度、罗兰差分数据等。导航电文的编辑在数据处理子系统中完成。

导航电文信息为双极性不归零码，信息“0”为高电平，信息“1”为低电平。电文编排都是从低位开始，空位填零。电文在信道中传输都是先传高位，后传低位，即电文格式中左边信息为高位，右边信息为低位。

导航电文的格式与 CAPS 主控站的格式一样，只是电文数据在某些地方有些不用。

导航电文由五个子帧组成一个帧，每帧 50 个字，共 1500 个码位，帧周期为 30 秒；每个子帧 10 个字，子帧周期为 6 秒；每个字 30 个导航码位，每个码位 0.02 秒；六个帧组成一个超帧，一个超帧 3 分钟。

子帧 1、2、3、4 发送本颗伪卫星的实时数据、伪距测量修正值和时间信息。子帧 5 发送其他一颗伪卫星的非实时数据(历书)、伪距测量修正值和时间信息。用户要在 1 分钟内收到一个超帧，便可得到全部伪卫星的历书数据[51]。

帧同步标志规定为一个超帧内第一子帧信号的第一个脉冲的上升沿。

4.7.2　电文信息类别

CAPS 伪卫星站生成的导航电文大部分与 CAPS 导航主控站的一样。这里只给出不同的地方。导航电文中主要包含的导航信息如下：

(1) 同步码：16 位的遥测码，作为导航电文的前导，其中所含的同步信号为各子帧提供了一个同步的起点，使用户便于解释电文数据。

(2) 时间码：导航电文时间的起点，为用户提供粗略的 CAPST 时间信息。

(3) 伪卫星站时钟改正：此部分 CAPS 导航电文为虚拟钟时间改正，因为伪卫星站配备有原子钟，并且与主控站保持同步，因此这里不需要虚拟原子钟，但是要给出伪卫星站时钟改正系数。与 GPS 类似，这里给出的是时间二次多项式。

(4) 频率改正：不需要。因为伪卫星站是固定的，没有多普勒频移，而且也没有经过卫星转发。用户也不使用伪卫星信号测速。

(5) 电离层时延改正：不需要。因为伪卫星信号不穿过电离层，没有电离层时延，所以不需要电离层时延改正。

(6) 该卫星的第一种星历：不需要。

(7) 该卫星的第二种星历：给出在 ITRF 2000 直角坐标系中伪卫星位置坐标的位置 X 分量、Y 分量、Z 分量。

(8) 1800 个观测站的气压高度：伪卫星导航电文中没有气压数据，由导航主控站发射的导航电文提供。

(9) 罗兰差分数据：不需要。因为是 C 波段伪卫星站，不是罗兰伪卫星，因此不需要罗兰差分数据。

4.7.3 伪卫星导航电文格式

CAPS 伪卫星导航电文格式与 CAPS 导航电文格式一样，由连续广播的超帧构成，如图 4.36 所示。一个超帧有两个帧，一个帧有 5 个子帧，每个子帧有 10 个字，每个字有 30 个导航码位。

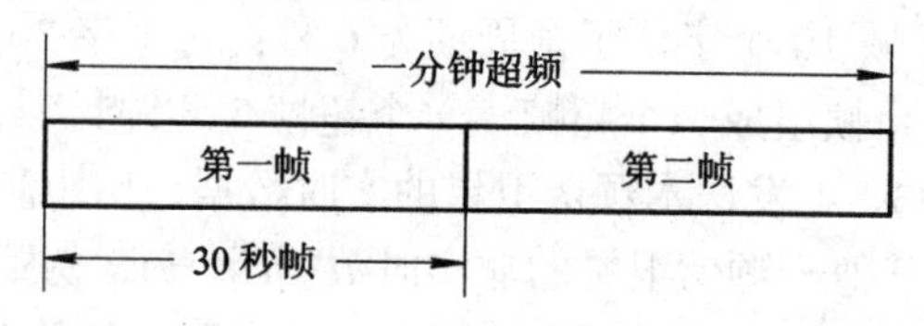

图 4.36　超帧结构

每个码位长度为 0.02 秒，每个字长为 0.6 秒，子帧周期为 6 秒，帧周期为 30 秒，超帧周期为一分钟。CAPS 导航电文格式详见 CAPS 的有关资料。

4.8　伪卫星系统时延测量

系统要求整个射频系统及各模块都测量出准确的时延和相位特性，这对整个 CAPS 伪卫星系统的精度至关重要，所以精确的时延测量是本系统的关键技术要点。CAPS 伪卫星系统整体时延结构图如图 4.37 所示，其中包括 1PPS 信号传输线时延(t_1)、综合基带时延(t_2)、射频时延(t_3)、天线馈线时延(t_5)、天线时延(t_6)，即该系统总的时延值为

$$\sum t = t_1 + t_2 + t_3 + t_5 + t_6 \tag{4-6}$$

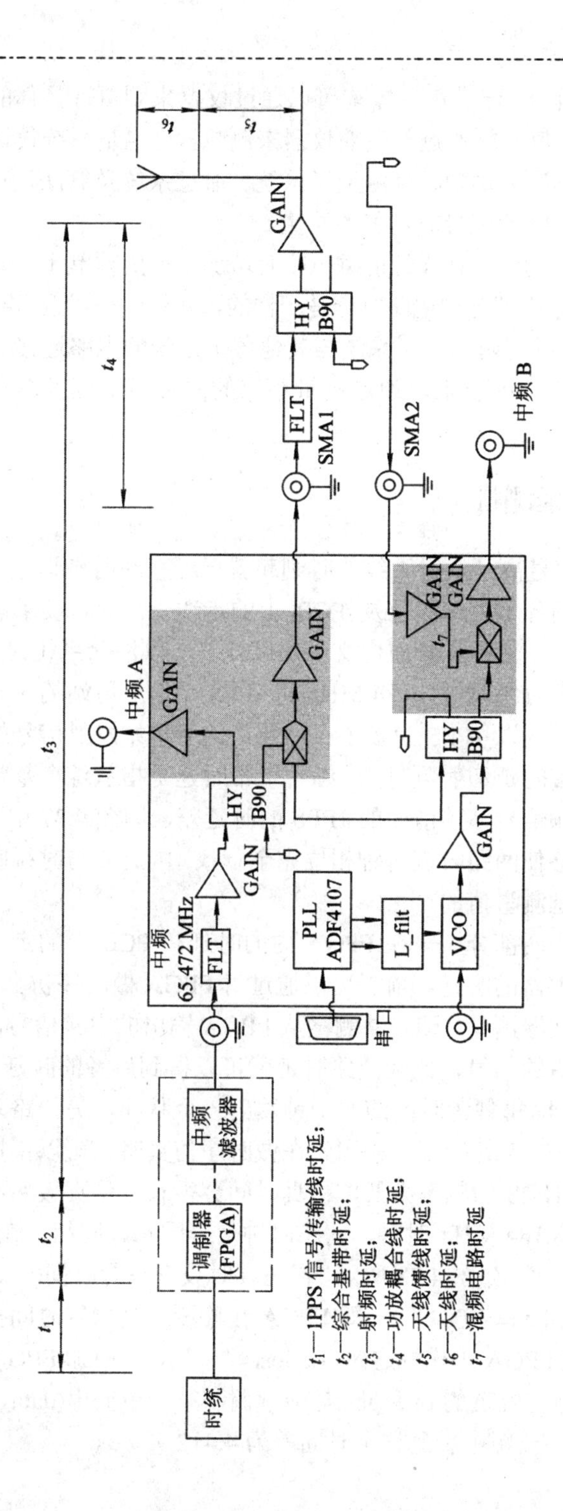

图 4.37　CAPS 伪卫星系统整体时延结构图

以上 5 个时延值中 t_1、t_2、t_5 和 t_6 均可以通过仪器来测量，具体的测量结果见以下分析。而 t_3 的值不能通过一般的仪器来测量，这也是系统设计中所需要解决的难题，因而设计了射频时延测量子系统。通过系统及算法设计，可解决中频到射频这个过程中的信号时延值的测量。

为了更好地获得 t_3 的值，在设计射频电路时增加了下变频单元，如图 4.37 所示。由图可知，两个阴影部分的电路时延是一样的，均为 t_7——混频电路时延。

在联调过程中，射频时延测量子系统与其他各子系统的电路连接及电平大小均能满足总体设计方案的要求，通过测量系统的波形显示可以得到较好的证实。

4.8.1 综合基带时延测量

实际上，从导航信号离开发射天线的时刻起就已经存在时延误差了。误差主要源自信号所经过的各个处理单位及 PCB 上的走线。因此，要求能够测量出这部分时延的精确值，然后在导航电文中加以补偿，以消除系统误差。

时统子系统送入的时统时钟 8.184 MHz 和 1PPS 是伪卫星站的时间基准。从天线发送出去的信号要以 1PPS 为参考。因此，伪卫星站发射信号的时延分为两部分——综合基带时延和射频时延。综合基带时延是指从综合基带中频滤波器输出的第一个中频信号与其前面的 1PPS 的时延差，即图 4.37 中 t_2 的值。由于只有原子钟才能够使两路时统时钟相位完全一致，因此在与时统联调之前是无法得到精确的时延测量值的。

综合基带时延分为两部分——在 FPGA 内的时延和 PCB 上的走线及中频信号经过滤波器和放大器的时延。前者可以通过对 FPGA 做时序仿真来获取。后者可以通过双踪示波器测量，即一路测量从 FPGA 输出的中频信号，另一路测量经过滤波、放大后的信号，比较两路时延就可以得到后者的时延。

1PPS 是秒脉冲，即每秒钟时统的原子钟发出一个脉冲，另一路时统信号 8.184 MHz 的时钟与 1PPS 起始相位相同。在做时序仿真时，可以模拟时统的这两路时钟信号，但 1PPS 的频率太低，仿真时间会很长，仿真效率不高，于是把 1PPS 也替换成 8.184 MHz 时钟，两路时钟信号同频、同相。在 Quartus 中，对 FPGA 做时序仿真，如图 4.38 所示。在仿真时设置预置时间(task_select=“011”)为 3 个 1PPS(data=“001”)。即 FPGA 在检测到是预置时间指令后，1PPS 计数三次就生成 FPGA 工作标志(work_test=“1”)，从而知 FPGA 进入正常工作状态。和工作标志临近的 one_pps 与中频调制第一个输出(data_out)的时间差即为 FPGA 时延。从图中看到这个时间差为 4.412 909 μs。

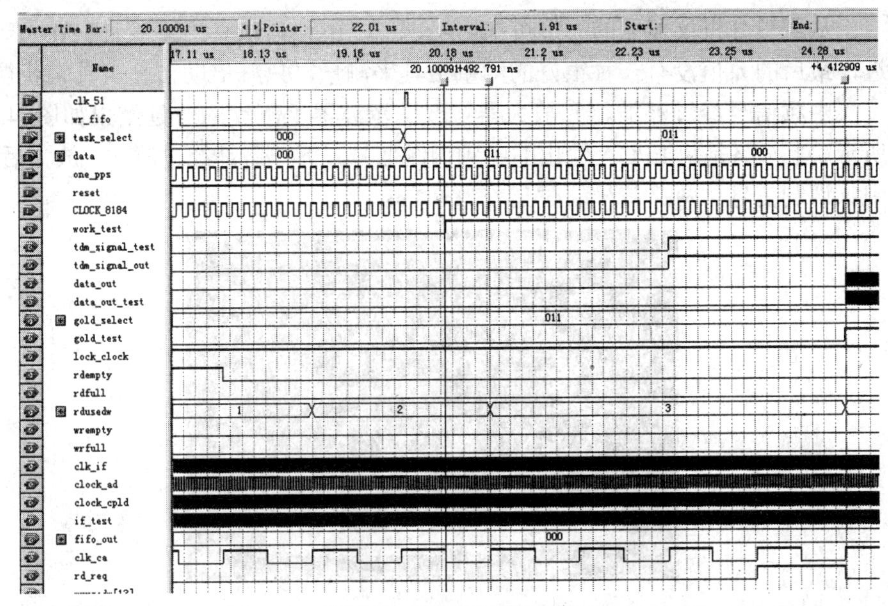

图 4.38　FPGA 时序仿真

对于 FPGA 这类快速逻辑器件，时延是不可能这样大的。这么大的时延是因为 FPGA 中的 ROM 对其中的数据进行采样，以保证输出信号的准确。输出有两个时钟的时延。这里采用把开关信号和 Gold 码都放在 ROM 的方法，两个 ROM 的时钟同为粗码时钟。Gold 码又是在开关信号控制下产生的，那么就会有 4 个粗码时钟的时延，即 3.910 068 42 μs。扣除这部分时延，仍有 502.841 ns 的时延。

回顾 FPGA 的工作过程，当系统工作标志 work=“1”时，开始工作。从时序仿真图可以看到，粗码时钟(clk_ca)检测到系统工作标志有效，需要 492.791 ns。这部分时延就是 FPGA 在系统工作标志有效后的等待时间。再扣除这部分时延，有 10.05 ns 的时延，这部分时延才是信号经过 FPGA 内 LE(逻辑单元)及 FPGA 内走线所带来的时延。

经过对 FPGA 做时序仿真，从 FPGA 输出的第一个中频调制信号与 1PPS 相比有 4.412 909 μs 的时延。

使用逻辑分析仪(其采样率为 1.2 GHz)可以抓取 1PPS 和中频方波调制信号，经过测量可知综合基带时延为 4.017 μs。综合基带时延达到了μs 级，这是因为用 FPGA 实现综合基带时，采用了 D 触发器做锁存。共用了 4 级 D 触发器，时钟采用 1.023 MHz，所以由 D 触发器带来的固有时延为(1/1.023) × 4 = 3.91 ns，从而得综合基带内部由布线带来的时延为 4.017 μs − 3.91 μs = 107 ns。

从逻辑分析仪抓取的波形可知：$t_2 = 4.017\ \mu s$，与仿真结果 4.412 909 μs 接近，最后的 t_6 值没有一种很好的测量工具来测量，只好借助仿真工具来获得。

中频信号经过滤波器和放大器在双踪示波器上测试的时延结果如图 4.39 所示。上一路是从 FPGA 输出的中频调制信号，下一路是经过滤波、放大后的中频调制信号。两路信号的时延差为 6.4 ns。

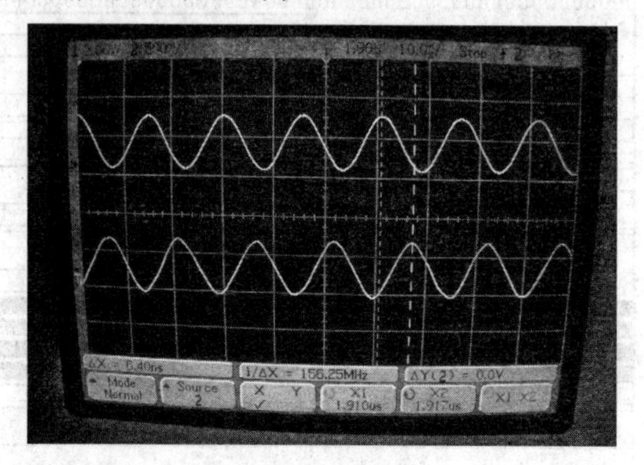

图 4.39　中频信号经过滤波器和放大器在双踪示波器上测试的时延结果

把 FPGA 时延和 PCB 上的走线及中频信号经过滤波器的时延相加就得到综合基带时延，即 4419.309 ns。

4.8.2　射频时延测量

射频时延测量子系统的结构框图如图 4.40 所示。射频时延测量子系统主要由中频混频单元、低通滤波器单元、基带信号放大单元、双路 A/D 采样单元、CPLD 控制单元、ARM 处理单元组成。射频时延测量子系统用于计算二路相关中频信号的时延，测量射频子系统中待测试的两路信号，从而间接获得系统的部分时延值，为计算整个系统的时延值起了十分关键的作用。

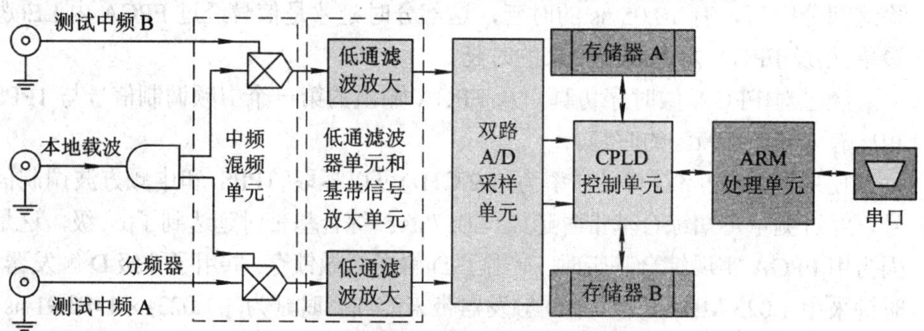

图 4.40　射频时延测量子系统的结构框图

射频时延测量子系统可以通过时延校准来消除系统内部的时延误差，因此系统时延的测量相对稳定，测量结果精确、可靠[52]。

1．混频电路时延

射频子系统的结构如图 4.41 所示。考虑相同混频器的时延是恒定的，通过射频时延测量子系统可以测量射频子系统混频电路的时延值 t_7。

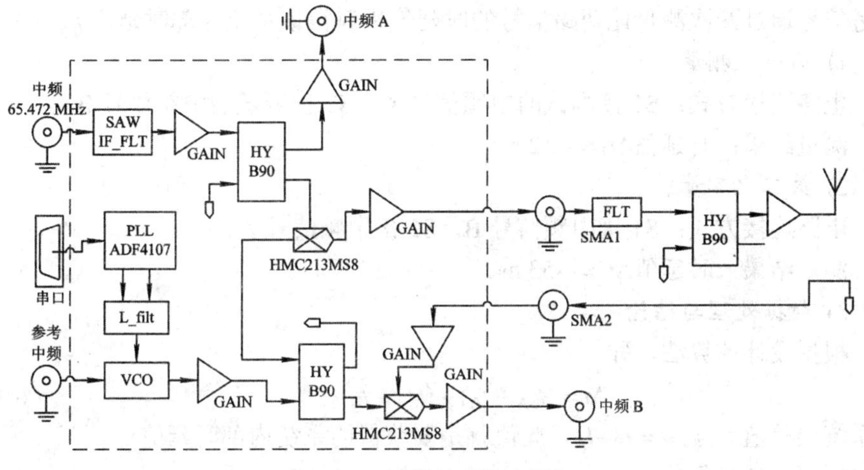

图 4.41　射频子系统的结构

1) 测试信号

测试信号为射频子系统输出的中频信号 A 和中频信号 B。

2) 电路连接方式

由于只测量混频电路的时延值，所以直接将 SMA1 与 SMA2 相连接，而不接通功放单元，此时从 SMA1 到 SMA2 传输线的时延值为 t_4'；射频子系统中的中频信号 A 与射频时延测量子系统测试的中频信号 A 相连，射频子系统中的中频信号 B 与射频时延测量子系统测试的中频信号 B 相连。

3) 测试结果

测量时延值为 $t_{测} = -25$ ns。

4) 数据处理与结论

根据图 4.41 所示的电路及电路连接关系，可知：

$$t_{测} = 2t_7 - t_{系统误差} + t_4' \tag{4-7}$$

已知从 SMA1 到 SMA2 传输线的时延值为 $t_4' = 2.5$ ns(该值可通过矢量网络分析仪测得)；同时通过系统的测试可获得射频时延测量子系统的系统误差 $t_{系统误差} = 32.5$ ns。根据式(4-7)得

$$2t_7 = t_{测} + t_{系统误差} - t_4' = -25 + 32.5 - 2.5 = 5\ \text{ns} \tag{4-8}$$

由式(4-8)可知，混频电路时延值为 $t_7 = (-25 + 32.5 - 2.5)/2 = 2.5$ ns。

注：混频电路时延主要包括混频器的时延和增益放大器的时延。

2．射频时延测量子系统内部时延

考虑系统外部条件不变的情况(由于系统工作在中频，所以温度对其时延值的影响相对较小，可不考虑)，可用一对时延值恒定的中频信号 S1 和 S2 作参考信号通过两次测量此两路信号的时延值来获得该系统内部时延值 $t_{系统误差}$。

1) 第一次测量

电路连接方式：S1 接测试的中频信号 A，S2 接测试的中频信号 B。

测量结果：时延值 $\Delta t_1 = -12$ ns。

2) 第二次测量

电路连接方式：S1 接中频信号 B，S2 接中频信号 A。

测量结果：时延值 $\Delta t_2 = -53$ ns。

3) 数据处理与结论

根据设计的算法，知

$$\Delta t = (t_{SA} + t_A) - (t_{SB} + t_B) \tag{4-9}$$

而系统误差值 $t_{系统误差} = t_B - t_A$，此值就是要获得的系统内部时延值。

根据式(4-9)得

$$\Delta t_1 = (t_{S1} + t_A) - (t_{S2} + t_B) = -12 \text{ ns} \tag{4-10}$$

$$\Delta t_2 = (t_{S2} + t_A) - (t_{S1} + t_B) = -53 \text{ ns} \tag{4-11}$$

由式(4-10) + 式(4-11)得

$$2(t_B - t_A) = 65 \text{ ns} \tag{4-12}$$

由式(4-12)得系统误差值为

$$t_{系统误差} = 32.5 \text{ ns}$$

3．射频时延

由图 4.37 分析可知，射频时延部分为 t_3。为了更好地获得 t_3 的值，在设计中采用综合基带部分中频信号 A 到射频部分中频信号 B 来获得测量时延值 $t_{测}$，然后利用公式：

$$t_3 = t_{测} - (t_4 + t_7) + t_{系统误差} \tag{4-13}$$

获得需要测量的时延值 t_3。

1) 测试信号

测试信号为综合基带子系统(即 FPGA 部分)中输出的中频信号 A，即滤波放大前的信号和射频子系统中输出的中频信号 B。

2) 电路连接方式

综合基带子系统输出的中频信号 A 与射频时延测量子系统测试的中频信号 A 相连；射频子系统输出的中频信号 B 与射频时延测量子系统测试的中频信号 B 相连。

3) 测量结果

不同功放衰减值对应的时延测量结果如表 4.8 所示。

表 4.8　不同功放衰减值对应的时延测量结果

功放衰减值/dB	时延测量结果 $t_{测}$/ns
0	68
5	65
10	67
15	67
20	65
25	65

4) 数据处理与结论

已知 $t_4 = 1.7$ ns(通过矢量网络分析仪测量)，$t_7 = 2.5$ ns(已测量)，由式(4-13)可得 t_3 的值，见表 4.9。

表 4.9　不同功放衰减值对应的 t_3 值

功放衰减值/dB	时延测量结果 $t_{测}$/ns	t_3 值/ns
0	68	96.3
5	65	93.3
10	67	95.3
15	67	95.3
20	65	93.3
25	65	93.3

通过测试，在同样的衰减情况下，所测量得到的时延值是恒定的；但在不同的衰减下，时延值不一样，且没有一定的规律。当然以上问题对系统的整体时延测量没有影响，所以可以不用考虑。

4.9　方舱机柜布局

方舱机柜布局示意图如图 4.42 所示[53]。方舱机柜由 4 个部分构成，中间用台板隔开，台板是向外突出的台面，用来操作使用。第一部分最左边是射频子系统、综合基带子系统、射频时延测量子系统，还包括电源及显示窗口；第二部分是打印机，用来打印相关数据文档；第三部分主要用于未来扩展；第四部分主要是UPS部分，用于在断电的情况下为系统提供硬件电源。

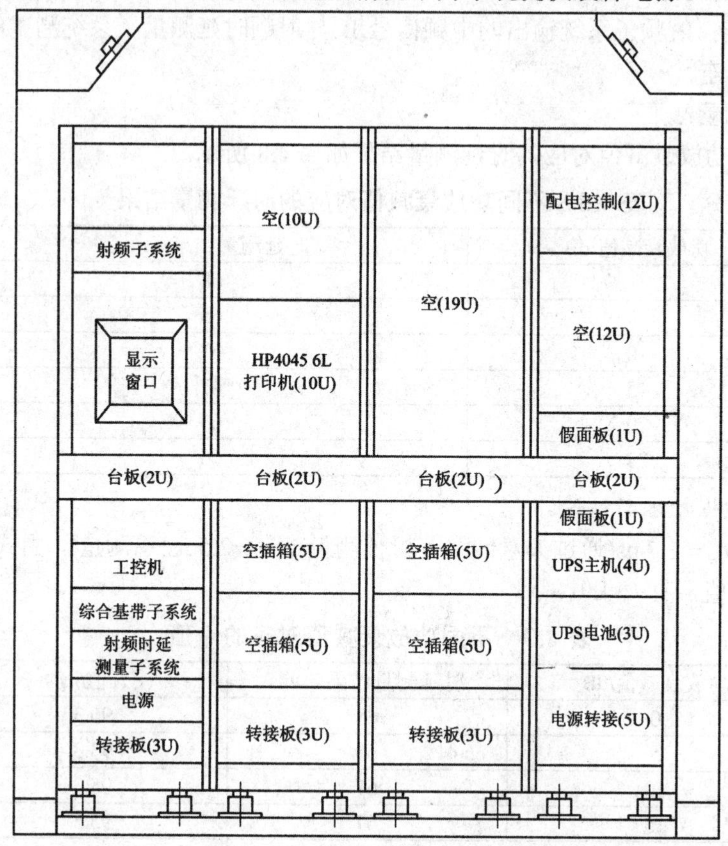

图 4.42　伪卫星方舱机柜布局示意图

4.10　伪卫星对CAPS的GDOP影响的仿真分析

如前所述，使用伪卫星可以改善卫星导航系统的几何精度衰减因子(GDOP)，从而可以提高卫星导航定位的精度。这里对使用伪卫星后对CAPS的GDOP的改善进行分析，前提是在没有高度计辅助的情况下进行的。只使用5颗CAPS同步卫星时，GDOP很大，至少大于10 000。在地面建立7个直接测距伪卫星(浦城、饶平、合龙、荣成、宣城、贺县、崇左)进行仿真分析，结论是：使用伪卫星确实可以改善CAPS的GDOP，使用伪卫星后CAPS的GDOP从21.5变化到26，极大地改善了CAPS的星座分布。

4.11 伪卫星对飞行器的导航定位精度的仿真分析

这里使用5颗CAPS同步卫星信号，在地面建立2到3个直接测距伪卫星(分别放置在蒲城、南机和海坛)，对位于福安上空的无人飞机进行定位仿真计算。其中：CAPS同步卫星的位置误差为5 m；CAPS信号测量误差为1 m；地面发射台的位置误差为5 cm；C波段信号测量误差为2 m。生成200组不同的随机误差序列，进行定位仿真计算，定位结果的统计分析见表4.10和表4.11(表中的GDOP是在有高度计辅助和有伪卫星的情况下测得的)，从表中可以看出大部分定位精度可达0 m～3 m[54]。

表4.10 三个地面C波段伪卫星飞行器的导航定位精度分析

飞行器编号	经度/(°)	纬度/(°)	高度/m	GDOP	定位精度范围/m	飞行器定位精度统计/(%)		
						东西向	南北向	高程向
1	120	25	10 000	2.46	0～3	84.50	79.00	67.00
					3～5	15.00	18.00	15.00
					5～10	0.30	3.00	16.50
					>10	0.00	0.00	1.50
					RMS	2.11	2.38	3.44
2	121	25	10 000	2.94	0～3	79.50	69.00	52.00
					3～5	17.00	23.50	24.50
					5～10	3.50	7.50	21.00
					>10	0.00	0.00	2.50
					RMS	2.44	2.97	4.35
3	119	24	10 000	3.44	0～3	73.00	53.50	46.50
					3～5	22.00	25.50	27.00
					5～10	5.00	20.00	23.00
					>10	0.00	1.00	3.50
					RMS	2.61	4.04	4.65
4	120	24	10 000	3.49	0～3	78.50	62.50	46.50
					3～5	18.00	25.50	24.50
					5～10	3.50	12.00	24.50
					>10	0.00	0.00	4.50
					RMS	2.41	3.35	4.75
5	121	24	10 000	3.73	0～3	69.00	54.00	35.50
					3～5	24.00	28.50	22.00
					5～10	7.00	17.50	35.50
					>10	0.00	0.00	7.50
					RMS	2.78	3.69	5.92

表 4.11　两个地面 C 波段伪卫星飞行器的导航定位精度分析

飞行器编号	经度/(°)	纬度/(°)	高度/m	GDOP	定位精度范围/m	飞行器定位精度统计/(%)		
						东西向	南北向	高程向
1	120	25	10 000	2.76	0～3	65.00	59.00	48.00
					3～5	26.00	27.00	27.50
					5～10	9.00	13.50	20.50
					>10	0.00	0.50	4.00
					RMS	3.01	3.52	4.46
2	121	25	10 000	3.44	0～3	65.00	34.00	40.50
					3～5	20.50	23.00	25.00
					5～10	14.00	33.00	26.50
					>10	0.50	10.00	8.00
					RMS	3.40	6.08	5.44
3	119	24	10 000	3.48	0～3	63.50	51.50	33.50
					3～5	26.50	22.00	16.50
					5～10	10.00	39.50	41.00
					>10	0.00	5.50	11.00
					RMS	3.10	5.66	6.69
4	120	24	10 000	3.65	0～3	62.50	51.50	33.50
					3～5	25.50	19.50	18.00
					5～10	12.00	22.50	35.00
					>10	0.00	6.50	13.50
					RMS	3.32	5.12	7.33
5	121	24	10 000	3.88	0～3	60.50	42.50	32.00
					3～5	26.50	23.00	23.00
					5～10	12.50	27.50	30.00
					>10	0.50	7.00	15.00
					RMS	3.50	5.46	7.09

第5章 伪卫星应用中的技术问题

从定位的观点看，伪卫星就像地面上的卫星。但是，不同的天基卫星和地基无线电发射机的位置对定位性能有很大的影响。如前所述，虽然伪卫星在几何形状和信号可用性方面提供了很大的灵活性，但是伪卫星和用户之间小距离的改变就会引起信号跟踪的远-近问题，还会引起多径效应和模型中的对流层时延。此外，在伪卫星应用中的建模和几何设计也具有挑战性。可以使用模型来处理各种误差源，如非线性、对流层时延、多径和伪卫星位置误差。在过去的十几年中，人们对伪卫星在航空、航海和陆地导航与定位方面的应用进行了测试。虽然伪卫星会改善位置精度，但应当意识到它们的负面影响。如由于伪卫星和用户之间的距离很短，任何伪卫星的位置误差将会极大地影响接收机。影响的程度取决于伪卫星和接收机之间的几何形状(不好的几何形状可能会引起解的奇异)。这些问题和技术同样适用于CAPS伪卫星应用。

5.1 伪卫星布局

与星基定位系统一样，基于伪卫星的定位系统的可靠性取决于系统中接收机和用户之间的几何形状。在伪卫星定位研究中，仿真是一种有用的工具。可以通过仿真对室内应用的几何形状进行分析。

可以基于倒定位(Inverted positioning)概念对伪卫星进行定位。倒伪卫星定位是Raquet等人于1995年首先提出的。在该系统中，由GPS接收机组成星座，其“轨道”精确已知，这些GPS接收机跟踪静止的或移动的伪卫星。这种情况下，需要一个参考伪卫星，一个用户/移动伪卫星和四个或更多个接收机。与GPS相对定位类似，伪卫星和接收机之间的双差测量可以消除大多数的系统误差，如发射机和接收机的时钟误差。接收机和参考伪卫星的位置需要事先精确测定。知道了接收机和参考伪卫星的坐标，就可以确定用户/移动伪卫星的坐标。

在倒伪卫星定位系统中，当所有的接收机和伪卫星近似位于同一个平面时的星座几何布局是不好的。这种不好的几何形状放大了导航解中的误差。并且，有时会出现不利的几何布局，如当天线正好位于由四个接收机组成的正方形平面的中心时，测量方程组的矩阵是奇异的，因此没有唯一的导航解。这种情况可以通过对所有可能的轨迹进行仿真确定，然后将其从定位中删除掉。

需要强调的一个问题是接收机和伪卫星的位置的优化。载波相位最后解中的测量误差会随着几何矩阵的不同而变化，因此有某种配置可以将结果对星座几何分布的敏感性减到最小，这样可以极大地改善精度。

5.2 多径效应

多径的产生是由于信号的反射引起的。反射体可以是任何类型的表面。金属的反射体会像镜子一样反射某个波段的电磁波。接收机接收到的信号中除了直接接收信号外，还包括有多径信号。多径信号相对于直接接收的信号的幅度、相位和极化都不一样，这些跟反射体的表面和个数有关。一般由多径引起的伪距误差可以达到几十米，在大多数情况下，这是主要的误差源。例如，一个幅度为直接接收信号的 1/4 的多径信号可以产生 40 米的伪误差[56]。在伪卫星应用中，特别是室内定位，由于反射比较多，如墙壁、椅子、桌子等，多径效应是一个主要的问题。伪卫星信号的多径与 GPS 信号的多径特征不同，具体体现在以下几个方面：

(1) 伪卫星的多径信号不仅来自接收机天线附近物体表面的反射信号，而且伪卫星信号本身也是反射信号[57]。

(2) 与 GPS 相比，伪卫星多径非常严重，因为从接收机到伪卫星的仰角很小，而 GPS 通常将低仰角(10°～15°)的测量值去除，以避免产生大的多径、电离层偏差和严重的对流层时延等问题。如果伪卫星和接收机都静止不动，则多径偏差是一个常量。因此，伪卫星的多径影响不能随着时间减轻到与 GPS 一样的程度。

(3) 多径将极大地增加动态环境中的噪声电平。

因此，即使事先有所预防，也很难避免不会接收到反射的伪卫星信号。但是，由于在静止环境下伪卫星发射机的多径具有不变的特点，因此可以容易地进行事先校准。然而，在运动情况下，多径偏差最有可能是随机的，因此很难处理。另一种克服远-近问题和多径的方法是使天线的方向图适应伪卫星使用的环境，即使旁瓣最小，主波束聚焦到目标区域就不会由于反射而产生多径。

扼流圈天线可以有效地削弱从地面发射的多径信号[59]。这种天线在天线单元的周围有许多接地的金属圆环，可以削弱那些金属圆环轴线以下的发射信号。双向信号天线可以用来削弱来自非视线路径的信号[59]。当然，这些技术只有当多径信号来自预期的方向时才有用。

多径效应或许会放大单差或双差测量值。虽然通过适当的硬件/软件可处理多径效应，但最佳的伪卫星星座布局和接收机位置以及建模过程也有助于减轻多径效应。

减轻多径效应可以通过使用适当的发射天线和接收天线来实现。通常使用螺旋状发射天线来减轻多径效应，而各种设计良好的接收天线也有助于减轻多径效应。Bartone 于 1999 年的研究表明，机场伪卫星的多径实质上可以通过伪卫星发射天线和接收天线使用多径抑制天线(Mutipath-Limiting-Antenna)来消除，也可以使用健壮的跟踪技术和传感器集成来解决[60]。考虑到多径效应和扩频测距的复杂性，应继续对减轻多径效应技术进行研究。据报道，已经出现了一种基于超宽带(UWB)技术的新的无线电定位系统[61]。这种新的 UWB 定位系统有望更有效地减轻室内定位的多径效应，因为 UWB 无线电信号是以非常短的离散脉冲发射的。

减轻多径效应可以通过在接收机软件中对多径误差建模来实现。对离接收机天线各种距离的不同类型的发射体进行仿真，则通过建模接收机中的跟踪算法可以判定跟踪环对反射信号的响应[62]。这种方法只对那些可以控制的、静态的情况有效，对于那些动态的、室内和多径严重的情况不适合，因为接收机的运动会使实际的多径误差偏离建立的模型。

减轻多径效应还可以通过接收机的相关器来实现。窄相关器(Narrow Correlator)[63]、双三角(Double Delta)相关器、早期/迟后坡度(Early/Late Slope)技术和早期 1/早期 2 跟踪器(Early1/Early2 Tracker)[64]，这些技术可以极大地减少由于多径引起的伪距误差。需要注意的是，像窄相关器这样的技术，要求接收机的前端相对于使用的测距码的码片速率有很宽的带宽。对于 C/A 码，典型的窄相关器接收机的带宽为 16 Hz，但邻近的射频信号很有可能会引起干扰。

5.3 伪卫星同步

虽然在某种伪卫星应用中也使用原子钟[65]，但对于那些使用廉价的低精度温控晶体振荡器(TCXO)作为时钟的伪卫星，其时钟与卫星上使用的昂贵的高精度原子钟相比很不稳定。一般的 TCXO 的稳定度为 1×10^{-6}，比原子钟低 6

个数量级。因此伪卫星信号是不同步的，接收机不能将它们的采样时间同步到与跟踪卫星时一样的程度。采样时间不同也会引起距离误差，因为 TCXO 导致的伪卫星时钟偏差是连续漂移的，不能同步差分定位中参考站和用户接收机之间的采样时间。

如果在没有 GPS 的情况下使用伪卫星，则需要考虑时钟的同步。

将定位系统中使用的所有伪卫星同步是至关重要的，这是只使用伪卫星进行定位应用的一个技术挑战。目前，已经提出了解决这个问题的许多技术。一种方法是需要一个主控站来决定时钟误差和偏移，并将校正量发送给接收机。另外，在伪卫星差分定位中，为了将参考接收机和用户接收机的采样时间同步，可以将其中一个伪卫星作为主伪卫星，并对接收机软件进行修改，将采样时间调整为主伪卫星的数据帧。实质上，这种方法是使用主伪卫星的导航电文帧来同步其他接收机的采样时间的。

在非集中式系统中，每个伪卫星有一个跟踪其本身信号和参考信号的与其放在一起的接收机。参考信号可以是主伪卫星信号或者是卫星信号。伪卫星时钟校正可以通过伪距的单差测量以及参考信号和本地伪卫星信号之间的积分载波相位(ICP)来获得。由于伪卫星与接收机是放在一起的，因此控制环延迟是最小的。伪卫星网络具有强的扩展性，可以任意添加伪卫星到网络中，而不用考虑数据链路的限制和参考接收机能否看到伪卫星，当然这会增加系统的成本和复杂性[66]。

如果同步误差可以减少到载波相位的噪声等级，就可以求解出单差整周载波相位模糊度。因此，只使用一个接收机就可以获得厘米级的定位精度。也可以使用具有双差技术的参考接收机来消除伪卫星和接收机的时钟偏差，但是定时信息也会被消除，这对于那些需要精确定时信息的应用是不合适的，而且也会增加系统的成本和复杂性。

5.4 对流层时延

GPS 信号的大气偏差由电离层时延和对流层时延组成。因为伪卫星信号不像 GPS/GLONASS 卫星信号那样穿过太空，所以不必考虑电离层时延。

对于 GPS 信号，一种简单的补偿对流层时延的方法是使用模型来消除，如 Saatamoinen、Hopfield 或 Black 模型。2004 年，Wang 等人将单差的 GPS 对流层模型用于伪卫星[67]。这些模型得到的时延取决于卫星的仰角。因为伪卫星的仰角低，所以模型用于伪卫星时会有大的误差。而对于伪卫星，可能小的高度变化就会引起大的仰角变化。标准的对流层模型不能用来补偿伪卫星对流层时延，因为模型的参数设计是用于距离超过 20 000 km 的来自太空的 GPS 信号的。

目前几种对流层模型有 RTCA 提出的飞机精密进场和着陆的 LAAS 的 RTCA 模型[68]及 Biberger 等人对其的修改版[69]、Bouska 等人提出的 Bouska 模型[70]，这些模型都是由 Hopfield 模型而来的。

1997 年 Hein 等人提出了一个简单的用于伪卫星信号的对流层模型来补偿伪卫星的对流层时延[71]，公式为

$$N=(n-1)\times10^6=77.6\frac{P-e}{T}+71.98\frac{e}{T}=3.75\times10^5\frac{e}{T^2} \tag{5-1}$$

式中：P——以百帕表示的大气压力；

e——以百帕表示的水汽部分压力；

T——以开氏温度表示的绝对温度；

n——大气底部的折射率，是气象参数的一个函数。

水汽部分压力可通过相对温度 RH 来计算：

$$e=\mathrm{RH}\times\exp(-37.2465+0.2133T-2.569\times10^{-4}T^2) \tag{5-2}$$

如果假定气象参数一样，那么两个接收机单差后的对流层时延可表示为

$$\Delta\delta_{\mathrm{trop}}=\left(77.6\frac{P}{T}+5.62\frac{e}{T}+375000\frac{e}{T^2}\right)10^{-6}\Delta\rho \tag{5-3}$$

式中，$\Delta\rho$ 是伪卫星发射机和两个接收机之间几何距离的差。如果是标准气象参数(P = 1.013 Pa，T = 20 ℃，RH = 50%)，那么对流层时延校正可以达到 320.5×10^{-6}(320.5 cm/km)。在某种恶劣的天气条件下，伪卫星对流层时延可达到 600×10^{-6}。显然，局部天气条件对校正具有很大的影响。Barltrop 等人建议使用伪卫星测量时将局部反射率估计为一个缓慢变化的参数。如果伪卫星站定位的 $\Delta\rho$ 可以尽可能小，则会极大地减轻对流层时延。

5.5　位置误差

使用卫星导航时，接收机通过获得的卫星的星历数据来计算卫星的位置。而使用伪卫星导航(如室内导航)时，需要的则是伪卫星的位置，也就是必须精确测量伪卫星发射天线的位置，然后将这个位置信息发送给用户。

在 GPS 相对定位应用中，轨道误差对基线长度的影响与用户/参考站之间的基线长度和卫星距离之比近似成比例。由于从卫星到接收机的距离长，因此

轨道误差对于短的基线定位可以忽略。但是，必须以一种与 GPS 轨道误差不同的方式来考虑伪卫星位置误差的影响。

在差分定位中，当几何形状不利时，伪卫星误差在求差测量中会翻倍。因为用户和伪卫星之间的距离非常短，所以即使很小的发射天线的位置误差也会产生相对很大的视线向量误差[72, 73]。因此，必须精确地测量伪卫星天线的相位中心。但是，由于伪卫星发射天线使用的是螺旋天线，如果单凭眼睛和卷尺，几乎不可能测量出天线的相位中心。为了测量天线相位中心的位置，可以使用倒载波相位差分 GPS——ICDGPS(Inverse Carrier-phase Differential GPS)方法[74]。

因为伪卫星实质上是一个“地面上的卫星”，因此伪卫星的位置误差影响必须以一种不同于 GPS 卫星的轨道偏差的方式来考虑。由于伪卫星是静止的(不像 GPS 卫星是运动的)，伪卫星的位置误差是一个常量。如果参考接收机和运动接收机都是静止的，那么轨道误差对求差的观测量就是固定不变的。最坏情况下，伪卫星的位置误差对求差的距离的影响会翻倍。伪卫星的位置误差会极大地影响载波相位的精确观测量，即使只有几个厘米的量级。仔细选择伪卫星的位置可以减轻这个偏差，因此必须事先对伪卫星的位置进行精确测量。另一个问题是，伪卫星信号对模糊度求解的影响。在接收机运动的情况下，额外的伪卫星信号可以辅助算法快速、可靠地求解载波相位模糊度。这是因为视线向量改变了一个很大的角度，得到了一个条件数好的矩阵。虽然在静止环境中几何形状不变，但仍然可以使用额外的 GPS 测量值、多频伪卫星测量值或精确已知的初始坐标来求解伪卫星模糊度。

如果伪卫星与 GPS 一起使用，则可以使用 GPS 来确定接收机的位置和时间偏移，在单点定位(有 S/A)中的精度约为 100 m，相当于 333 ns 的时钟精度，这对于那些需要每个接收机都在同一时刻进行测量的接收机已经足够了。如果在没有 GPS 的情况下使用伪卫星，则需要考虑时钟的同步，一般采用如下的方法来解决。第一种方法是将接收机同步到外部。将一个正在跟踪 GPS 卫星的接收机作为主接收机，而将其他接收机作为副接收机连接到该主接收机。第二种方法是接收机一开机就使时钟清零。即当收到一个具有有效的时间标记(Z 计数)和一个有效的健康位时，时钟清零。当参考伪卫星开始发送导航电文时，所有的接收机都等待 30 s 接收全部的导航电文，接收完导航电文后，时钟清零。此后，接收机可以正确地同步 10 000 s，之后接收机就不再进行测量了。接收机在初始同步后不能控制它的时钟，因为接收机不进行位置求解[75]。

Dai 等人于 2000 年在澳大利亚的新南威尔士大学(UNSW)，使用 IntergriNautics 公司的伪卫星 IN200CXL 对伪卫星的 DOP 进行了实验[15]。

5.6　非线性影响

在导航和定位应用中，从测量得到的几何信息是两个用坐标点表示的点之间的“距离”。测量值(距离)和未知数(坐标)之间的关系是非线性的。因为线性模型的估计技术具有很好的统计特性，所以通常使用泰勒级数将非线性测量模型展开来线性化。

由于伪卫星和接收机之间的距离很短，因此波阵面不再与卫星信号一样是平面的，这会导致大的非线性化误差。因为从接收机指向伪卫星的视线向量是未知的，所以必须使用迭代过程来解决这个问题。而且，如果初始的接收机位置或伪卫星和参考接收机的位置都不知道，则会对求解有严重的影响。

在 GPS 的数据处理中，选择不同的参数对非线性有不同的效果[76]。例如，若在数据处理中基线矢量作为未知数，则有如下关系：

$$-\boldsymbol{e}\Delta\boldsymbol{X}=(\Delta\phi+N\lambda)+|\boldsymbol{P}|(1-\cos\theta)$$

式中：$\boldsymbol{e}$ ——从用户指向发射机的视线矢量；

$\Delta\boldsymbol{X}$ ——从用户指向参考站的基线矢量；

$\Delta\phi$——载波相位测量的距离差；

N ——模糊度；

$\boldsymbol{P}$ ——伪卫星发射机和参考站之间的距离；

θ——伪卫星和两个接收机之间的夹角。

因为波前是平面的，所以需要考虑非线性校正项$|\boldsymbol{P}|(1-\cos\theta)$，如图 5.1 所示。

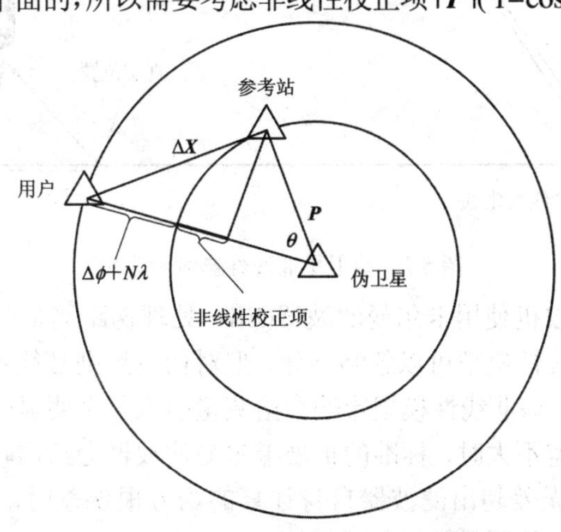

图 5.1　伪卫星非线性误差示意图

GPS 卫星线性化的近似误差为

$$|\boldsymbol{P}|(1-\cos\theta)=2\sin^2\left(\frac{\theta}{2}\right)|\boldsymbol{P}|\cong\frac{|\Delta\boldsymbol{X}|^2}{2|\boldsymbol{P}|}$$

其中，$\sin\frac{\theta}{2}\cong\frac{|\Delta\boldsymbol{X}|}{2|\boldsymbol{P}|}$。

对于 5 km 的 GPS 基线，这个误差近似为 0.5 m。由于不知道用户的确切位置，校正的相位也有误差。注意，上式不适用于伪卫星测量，因为 θ 很大。显然，对于伪卫星信号，非线性误差更严重。

当把用户站的坐标作为未知数时，Wang 等人分析了非线性的影响。当 GPS 和地面用户之间的距离是 2 km 时，200 m 的坐标误差对应的线性误差只有 1 mm，完全可以忽略，如图 5.2 所示。但是，当伪卫星和用户之间的距离是 200 m 时，15 m 的坐标误差就会导致 0.6 m 的线性误差，比相位测量误差大很多，这会导致计算发散，因此必须特别小心。

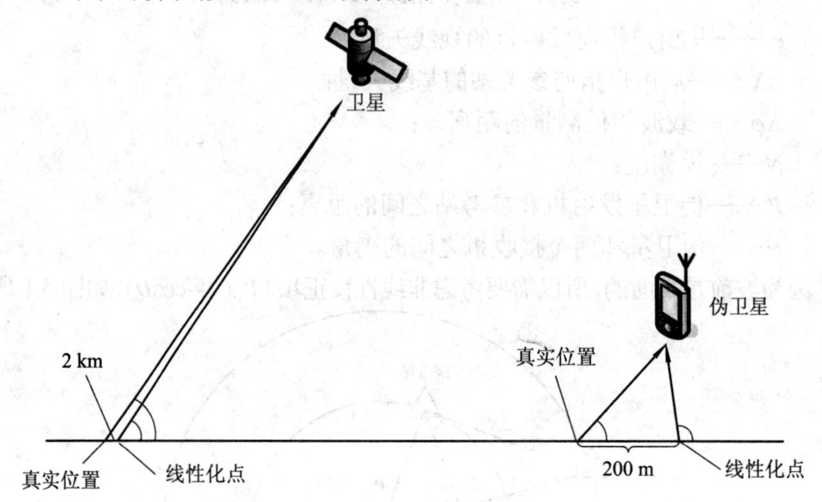

图 5.2　伪卫星非线性影响示意图

另外，当接收机使用卡尔曼滤波器(EKF)处理伪距测量时，对卫星而言，测量模型中的非线性模型可以忽略不计，但对伪卫星则必须考虑。当用户距伪卫星距离变小时，该非线性模型影响会给测量引入一个明显的误差。当这个误差与测量误差相差不大时，标准的扩展卡尔曼滤波器会给出较差的性能。当测量和非线性组合误差超出滤波器自身计算的均方根误差时，滤波器会发生发散，而且会舍弃新的测量数据。

防止这类滤波器发散的一种方法是选择足够大的测量先验方差，它包括最坏情况的非线性影响，但是需要确定什么是最坏情况，而且大系统的测量方差会在非线性影响可以忽略时产生惰性性能。

另一种方法是采用高斯二阶(GSO)滤波器，它类似于线性的 EKF，但包括一个测量非线性的二次项，因而增加了滤波器的复杂性。其主要优点是：当非线性影响存在时，它可提供改善的性能；当非线性影响消失时，它自然回复到标准的 EKF。此种方法可能的缺点是要求更多的软件和处理时间，虽然采用某些近似是可能的，但这取决于具体的情况。对于用于飞机进场的伪卫星的应用，伪卫星相对于进场轨迹的设置地点也是其中的一个因素[77]。

5.7　伪卫星接收机

目前，已经有了商用的 GPS 伪卫星，且都使用 GPS L1 频率。应小心操作这些伪卫星，以便伪卫星信号不会阻塞或干扰附近的 GPS 接收机。虽然脉冲伪卫星信号能够减轻对 GPS 卫星的潜在干扰，但仍然有某些适合于伪卫星应用的频率可供选择。选择最佳的伪卫星频率时，必须仔细考虑硬件的实现、频率的分配/许可、模糊度的求解、多径效应和 GPS/GLONASS/GALILEO 的集成或者移动定位应用的移动电话信号等因素。在某种意义上，移动电话信号发射机也可以看做是伪卫星。

使用目前的伪卫星和接收机硬件进行的实验表明，需要在接收机跟踪环中考虑伪卫星的某些特性。研制健壮的伪卫星接收机需要进行比较多的调查，以便对各种工作条件(如高动态和严重的多径效应)下伪卫星信号的传播和接收进行深刻的理解。根据超紧(ultra-tight)集成的 GPS/INS/PL 或 INS/PL 概念并使用惯性辅助的新的接收机设计，可以改善信号的跟踪效果并能够增强定位解的可靠性。

伪卫星支持码和载波-相位定位。因为伪卫星工作在与 GPS 一样的频率上，所以标准的 GPS 接收机只需稍做改动就可以使用了。伪卫星可以使用户用同样的设备做到室外-室内无缝定位。因为用户离伪卫星的距离比离 GPS 卫星的距离近，所以用户和伪卫星之间有大的几何改变，可以加快整周模糊度的求解。

第6章 伪卫星应用

通过仔细选择伪卫星的位置可以改善卫星星座的几何布局。通常，GPS定位时不使用低仰角的测量值，以免引起严重的多径、对流层的多径、对流层时延和电离层偏差，但伪卫星却可以不这样。低仰角的伪卫星测量值在数据处理时可以极大地改善模糊度解算的性能和解的精度，特别是高度方向的精度。伪卫星提供了额外的测距源来增强GPS星座，从而提高了可用性。伪卫星提供的额外测量值可以容易地将一些坏的测量值剔除掉，从而提高了可靠性。伪卫星的数量可以根据所需的精度、系统成本和环境条件来配置。如为了实现飞机Ⅱ级和Ⅲ级精密进场着陆，美国联邦航空管理局(FAA)建立了LAAS(Local Area Augmentation Systems)，LAAS采用伪卫星来提高站星距离测量精度[81]。

与GPS类似，一种由欧盟研制的新的全球导航卫星系统——GALILEO也将使用伪卫星来对频率分配和用户设备进行试验和验证。目前GALILEO伪卫星正在由德国FAF慕尼黑大学的测地和导航研究所(IfEN)进行研制[23, 82]。

6.1 组合导航

众所周知，卫星导航定位的精度、可用性、可靠性和完好性很大程度上取决于所跟踪的卫星的数量和几何布局。然而，在某些情况下，如在城市高楼大厦、隧道、峡谷、室内和深的矿坑(需要很高精度的高度信息)，可见卫星的数量不足以可靠地定位。而且，也无法在室内定位应用中使用卫星。另外，由于卫星几何布局的限制，高度方向的精度通常为水平方向的2～3倍。这些因素导致在可见卫星受到限制或几何布局不好的区域无法使用卫星导航进行定位，特别是在需要高度方向的精度很高的地方。为了改善只使用卫星导航定位系统的性能，将卫星导航与其他技术集成，如卫星导航与卫星导航集成(GPS和GLONASS)，卫星导航与惯性导航系统(INS)集成，卫星导航与伪卫星集成等。

伪卫星已经被用来增强卫星导航系统的星座，并与其他传感器集成形成一个独立的导航定位应用系统。考虑到伪卫星能够提供的灵活性，伪卫星可以和其他一些传感器(如 INS)组合在一起。与基于卫星和伪卫星的定位系统相比，INS 是自包含的、自主的。因此，INS 是独立于任何外部信号的。INS 的一个主要缺点是，当在系统中单独使用时，系统误差会随时间而积累。通常，使用卫星导航系统来校准 INS 的系统误差。在某些恶劣的工作环境下，卫星信号或许会在很长一段时间内被阻挡，此时集成的卫星导航系统/INS 的性能就会急剧下降。这个问题可以通过集成伪卫星系统来解决。集成的卫星导航系统/INS/伪卫星系统或 INS/伪卫星系统能够改善各种恶劣工作环境下的系统性能。对这种集成概念的试验显示出了卫星导航系统/INS/伪卫星系统的可行性和潜力。

多方面的仿真研究表明，集成的伪卫星系统/INS 可以为室内应用提供稳定和高精度的导航解。

虽然这些仿真验证了卫星导航系统/INS/伪卫星系统或伪卫星系统/INS 集成的潜力，但还要考虑伪卫星测量值中的系统偏差[83, 84]。

不久的将来，集成的 INS/卫星导航系统/伪卫星系统最有可能提供极大的灵活性和健壮的性能，并应用于各种不同的恶劣的工作环境下。

6.2 室内导航

使用伪卫星增强卫星导航，适用于直接使用卫星导航信号受到限制的情况。基于伪卫星的室内应用，理论上完全可以取代卫星导航的卫星星座。理论上，当卫星信号不可用时，如在室内、地下停车场、长的隧道内或者其他星球上时，伪卫星可以代替卫星星座进行定位导航。实际上，最初的伪卫星应用就是只使用伪卫星进行定位。只使用伪卫星进行定位和导航的概念被提出，而且已在室内定位中进行过试验。这种室内定位的基本原理仍然是“双差”，就像精密 GPS 相对定位一样[85, 86, 87]。

6.3 地下导航

使用伪卫星进行地下(如矿坑的隧道中)导航是一个创造性的想法。使用伪卫星进行地下导航与室内导航类似。目前伪卫星要比单频接收机贵很多，使用倒系统(在隧道顶部安装多个单频 GPS 接收机，在一个移动平台上安装一个伪卫星发射机)则是比较合理的方法。为了准确定位，需要在平台上再安装一个伪卫星。GPS 接收机将实时采集到的数据发送给 RTK(Real Time Kinematic，实时动态)计算机，计算机使用 RTK 软件来处理数据，计算出运动平台的位置和方位[88]。

6.4 基于位置的服务

人们期望卫星导航系统能够在全球地理信息基础建设中扮演越来越重要的角色。在过去的二三十年中，卫星导航系统是无数与定位有关的应用的推动力，如汽车导航、移动电话定位和许多其他应用。或许卫星导航系统最重要的贡献是唤起了人们对位置信息的需求意识。最终我们希望在任何地方和任何时间都能实时地得到任何物体的精确和可靠的位置信息。位置技术将成为新兴业务不可或缺的部分，如基于位置的服务(LBS)和未来的个人导航设备、“智能高速公路”系统等。然而，目前的星基定位系统还不能满足位置信息的所有需求，包括精度、可靠性、完好性、覆盖性和可用性。因此，新的位置技术需要增强，甚至在某种情况下可取代卫星定位系统。作为卫星导航系统研制的副产品，伪卫星技术已表现出了满足这种需求的巨大潜力。

6.5 飞 机 应 用

将两个伪卫星放置在机场为飞机提供精密着陆服务，这两个伪卫星叫做机场伪卫星。飞机上的接收机只需要几秒钟就可以求解出载波相位模糊度，这是飞机在通过伪卫星上空形成的信号“泡”时，伪卫星的几何布局变化很快的缘故。装在机身腹部的第二个 GPS 天线用于截获伪卫星信号。有了这两个伪卫星，还可以把所需要的卫星数降到 4 个，并保证飞机在飞出信号“泡”时已解出了载波相位模糊度。因此，从伪卫星到着陆和滑跑都保证能达到厘米级的定位精度。

即使不考虑精密着陆问题，航空业也提出了一些所知的最具科技挑战性的需求。基于伪卫星的普通差分全球定位系统(Common Differential Global Positioning System，CDGPS)的精度和速度使其在众多现有应用和理论研究中成为佼佼者。通过将 CDGPS 的精确定位和具有同样精度的姿态确定组合，可以提供极其精确的十三维的导航数据。正确配置的 GPS 能够以厘米级的精度直接测量出三维的位置和速度，并能够以毫弧度级的精度测量出三维的姿态和角速率。

6.6 采 矿

露天采矿要除去大量覆盖物才能到达相对薄的矿层。矿坑要精确地挖掘，平坦的螺旋形斜坡沿着坑壁从矿坑底一直到矿坑口。大型的矿车沿着这些斜坡上下穿梭，将矿物和覆盖物运送出来。矿车的驾驶是比较麻烦的，因此要尽可能地使其自动化，但自动化必须对矿车的位置进行精确定位。由于矿坑比较深，视线很窄，因此可见的卫星数量受到限制，在只有卫星导航的情况下无法对矿车进行定位，而使用伪卫星的辅助的导航系统可以使这项工作自动化。一般可以使用如图 6.1(a)、(b)所示的两种方法来实现矿车定位。

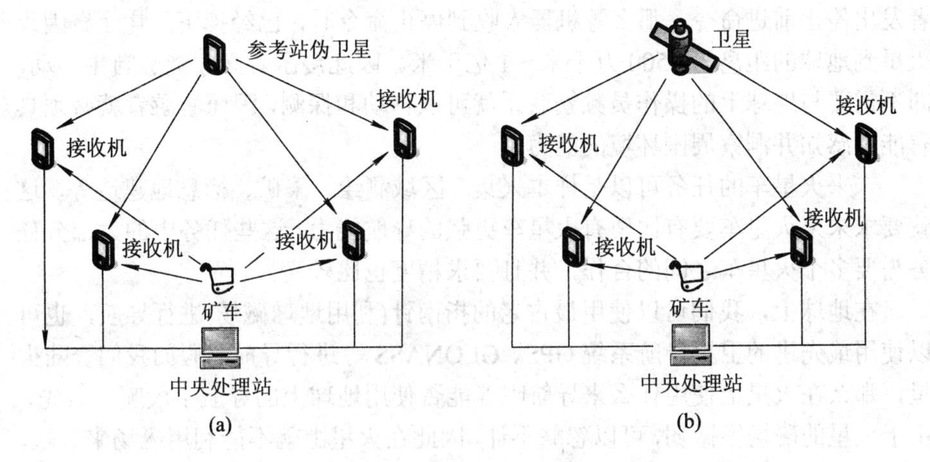

图 6.1 伪卫星定位示意图

(a) 方法一；(b) 方法二

这两种方法各有优缺点。方法一中，与 GPS 参考卫星有关的轨道误差和大气延迟误差不重要，可以忽略，特别是在 GPS 接收机之间的距离短的情况下；方法二中，与参考伪卫星有关的这些误差很重要，因为参考伪卫星和 GPS 接收机之间的距离短。方法一可以克服基于卫星的室内定位的限制，因为隧道或地下应用是不能跟踪到 GPS 卫星信号的，而且所有的硬件设备和软件都在地面上，功率、尺寸和计算负载约束可以容易地解决。方法二由于有一个 GPS 卫星做参考，因此减少了整个系统的成本，适用于城市中的高楼大厦、峡谷中的水坝监测和深的露天矿坑等应用，那里可见卫星的数目不够，而且可以使用

GPS 卫星时间将 GPS 接收机同步到 1 ms。而在方法一中，需要考虑系统时间同步问题。

6.7 火 星 探 险

21 世纪，火星探测再掀高潮，欧洲的“火星快车”、日本的“希望”号、美国的“勇气”号和“机遇”号四颗火星探测器相继发射，并且“勇气”号和“机遇”号成功登陆火星。这标志着人类探测火星的活动进入了新的活跃期。在火星上漫游就要估计出自己的位置，即要进行位置估计，以确定着陆点的方位。

在探测荒无人烟的火星表面时，使用装备有各种传感器的自主移动式机器人车(漫游者)。如果机器人发现前面有一个悬崖，然后地球上的操作员向漫游者发出停止前进命令，那么等机器人收到停止命令时，已经掉下悬崖了，因为火星到地球的距离为 5500 万千米～1 亿千米。因此漫游者必须能够自主移动，即不需要与地球上的操作员频繁联系就可以移动和探测，因而漫游者就必须具有能够感知并洞察周围环境的能力。

未来火星车的任务可以是样本采集、区域测绘、采矿、栖息地建造等，这就要求未来火星车要有比现有火星车更强的导航能力。这些任务中的大部分任务需要多个火星车之间的合作，并且要求精度也比较高。

在地球上，我们可以使用最古老的指南针(利用地球磁场)进行导航，也可以使用最先进的卫星导航系统 GPS、GLONASS 等进行导航。假如我们登陆火星，那么在火星上使用什么来导航呢？能否使用地球上的导航手段呢？首先，由于火星的磁场很微弱，可以忽略不计，因此在火星上就不能利用磁场来导航，而且火星上也没有类似地球上的 GPS 一样的卫星导航系统。那么，火星车登陆火星后依靠什么来进行导航呢？

一种方法就是使用伪卫星。美国斯坦福大学的航空宇宙机器人实验室(Aerospace Robotics Laboratory，ARL)的 LeMaster 为火星漫游者开发了一种基于 GPS 伪卫星的局部导航系统，称为自校准伪卫星阵(Self-Calibrating Pseudolite Array，SCPA)。SCPA 通过对分布在局部区域的 GPS 接收器(由单独的伪卫星和 GPS 接收机合成)进行双向测距，能够为漫游者相对于局部阵提供可以自由移动的厘米级的定位精度。漫游者和地基收发器之间的相对运动足以确定阵的精确结构，而无需预先知道伪卫星阵的位置信息或设备的精确放置位置。

SCPA 的自校准过程如下：

首先，将几个静止收发器信标放置在未知的位置；其次，装有一个收发器的火星车围绕信标阵运动，直到几何形状发生大的变化，可以求解出载波相位测量中所有的偏差和整周数。在火星车移动期间，通过将采样的数据进行批处理，SCPA 就可以在自校准的过程中确定原先放置的收发器的位置和火星车的轨迹。SCPA(由三个静止收发器和一个进行平面运动的移动单元组成的一个平面阵)的二维导航和自校准能力已经在美国航空航天局(NASA)Ames 研究中心使用火星漫游者 K9 进行了现场验证。

三维 SCPA 可以为空中载体(如气球或飞机)提供导航和制导。这些空中载体可能是下一代火星探测平台，可以进行比火星车更广区域的科学测绘，也可以为载体在感兴趣的地方着陆提供有用的辅助引导。

GPS 收发器是一对由一个伪卫星和一个 GPS 接收机组成的合成(或许是分离的)设备。通过对发射和接收天线进行配置，可以得到每个采样瞬时的一对 GPS 收发器之间的四个相位测量值(两个是互跟踪，两个是自跟踪)。通过对这四个测量值进行双差组合，可得到这两个 GPS 收发器之间的双向距离和相对时钟偏差。

SCPA 算法的基本操作模式如下：将收发器放置到未知位置后，通过对收发器对之间的码距离进行三角测量，可以得到一个粗略的初始估计值；然后以这个估计值确定出阵的几何形状和移动单元的位置；最后在移动单元运动的过程中收集载波相位测量数据，直到相对几何形状发生大的变化，足以求解出载波相位测量中的整周数偏差为止。在采样数据的批处理中，SCPA 通过一个非线性迭代最小平方(Iterative Least Square，ILS)将阵的位置和移动单元的轨迹确定到厘米级的精度。

为了得到足够的自校准批处理过程中确定收发器位置所需的观测数据，必须一直采样数据直到距离测量值的个数大于未知数的个数为止。未知数包括移动收发器的初始位置和静止收发器的位置(减去二维或三维坐标架所定义的固定约束)。

自校准阵所需 GPS 收发器的数目取决于阵中移动收发器的数目。例如，如果要通过一个移动收发器的运动来实现自校准，那么二维阵至少需要三个静止的收发器，三维阵则需要四个。采样数据的最少个数也是阵中收发器数目的函数。例如，使用一个移动收发器和四个静止收发器的三维定位，为了在批处理的过程中求解出所有的未知数，至少需要九个采样数据。

自校准过程中，静止收发器不必始终是静止的，只要同时满足静止收发器的最小数目即可，每个收发器可以在静止和移动之间切换。例如，在四个收发器中的每一个各自在校准过程不同阶段移动的情况下，自校准仍然可以进行。这样，就得到了移动阵的概念。阵作为一个整体从一个位置移动到另一个位置，通过保持关于它们原先阵位置的相对位置信息，可以在火星表面自由移动进行更长跨度的导航。

虽然理论上无限多的带有移动收发器的用户可以在一个给定的收发器中操作，但即使使用脉冲伪卫星(可用的脉冲间隙变窄)，较多的收发器也会使远-近问题恶化。为了减少 RF 信号干扰，应该将系统中的信号源(伪卫星)的数量减到最小。

位置估计的精度取决于距离测量的精度和阵的几何形状。后者的因素可以使用 DOP 来测量。当高度变高时，HDOP 变坏，VDOP 变好，最佳的 PDOP 在点$(x, y, z)= (25, 25, 25)$处。$z = 0$ 的 VDOP 为无限大，意味着在平面阵的 $z = 0$ 的平面上是无法观测垂直位置的。只需简单地在平面外设置一个静止的收发器就可以观测高度。

为防止在实际距离测量中测量方程出现奇异，必须在阵中非常分散的不同地方采集数据。

SCPA 具有为处于地基 GPS 收发器阵平面外的移动载体提供三维导航的能力。仿真结果表明，SCPA 算法可以用于三维导航定位，能够成功地求解出移动载体相对于地基收发器阵的相对轨迹[11]。

6.8 伪卫星反干扰

GPS 卫星发射的导航信号比较薄弱，而且以固定的频率发射，如果不采用反干扰措施，则被干扰是不可避免的。例如，一个发射功率为 1 W 的 GPS 干扰机可使 100 km 范围内的 C/A 码接收机失灵，而 10 W 的干扰机可使 10 km 范围内的 P 码接收机失灵。伊拉克战争中精确制导武器使用的比例已占到整个武器使用量的 95%以上，其中相当一部分采用 GPS 末端制导的武器，对 GPS 的依赖性非常之大。尽管在 1991 年的海湾战争中，GPS 信号保持了完整性，但敌方试图破坏 GPS 信号的这种做法却显示了保护依赖于 GPS 的武器和导航系统的必要性。

除了使用自适应调零天线等方法外，还可用伪卫星的方法来抗干扰。

美国国防高级研究计划局(Defence Adwanced Research Projects Agency，

DARPA)已提出一项在战场上空使用无人机(Unmaned Aerial Vechile，UVA)来创造伪 GPS 星座的研究计划，它将能在受到干扰的战场环境下为己方或友方部队提供精确的导航信息，使 GPS 信号功率超过敌方的干扰信号。DARPA 的 UAV 项目被称做 GPX 伪卫星概念。该计划是利用无人机或地面发射机转发经过放大的 GPS 信号，在战场上空形成一个伪 GPS 星座。伪卫星从太空捕捉微弱的 GPS 信号，并将信号放大后在较近的距离内中继给炸弹和导弹或地面部队。与太空中的卫星一样，提供一个导航解需要四颗伪卫星。DARPA 曾在 2000 年 4 月进行了一系列试验，这些试验使美国军方相信，伪卫星功能强大，足以克服干扰问题。该计划中要设计一个系统，使得现有的 GPS 接收机只需对软件稍作改动就能接收伪 GPS 星座的信号。通常，使用真正的 GPS 星座导航时，接收机开始必须知道卫星的位置信息。因此，该计划的难点是如何使用低数据速率将四颗移动伪卫星的位置告诉接收机。如果全部使用机载伪卫星，由于无人机不断变换飞行位置，将会降低定位精度；而使用地面伪卫星，虽然可以保证定位精度(另一方面也可以提高垂直方向精度，前提是结合卫星信号，因为单独使用伪卫星在垂直方向的精度同样不会有所改善)，但其覆盖面积会减少(对空比较好，对地则不好，需安装在高山上)。因此，比较好的方案就是使用机载和地面相结合的方式。伪卫星转发 100 W 的信号，比直接从 GPS 卫星接收的信号强度增大了 45 dB，从而大大提高了抗干扰能力。

采用机载伪卫星方案时，UAV 必须连续地发送它的位置，这对于设计者来说，一个关键的任务是必须在一个 50 b/s 的电文内发送伪星历表。UAV 可能是相当平稳的，它不会像战斗机那样作机动运动。尽管如此，任何运动都会产生一些位置误差。同采用卫星星座的导航相比，伪 GPS 星座在位置精度方面的总误差可能增长 20%。DARPA 在 7600 m 高空的“军刀”运输机和 3000 m 高空的“猎人”无人机上的测试表明，使用机载伪卫星的定位精度为 4.3 m，而使用真实卫星的定位精度为 2.7 m。四架“全球鹰”UAV 可覆盖整个区域，其跨度约为 300 km。

当然，伪卫星不一定非是机载的，也可以是地面和机载发射机的一个联合体。对于在地面上部署一些伪卫星的折中方案来说，其覆盖面积是减少了，但精度提高了。

目前，洛克韦尔·柯林斯公司已能够将传输信息封装成现有的信息传输格式，并能与最老式的、内存很小的军用接收机——精确、轻型 GPS 接收机相兼容。采用 3 架无人机和 1 颗地面伪卫星相结合的方案也已试验成功。

6.9 同温层伪卫星导航

许多国家在很多高度的平台上对伪卫星导航进行了可行性研究。日本已经对使用飞船作为同温层平台(高度约 20 km)在环境监测、通信和广播等方面的应用进行了研究。从飞船上遥测非常有效，因为飞船在相同的地面区域浮动，可以连续地监测地表。但是，飞船的定位精度是一项最重要的技术挑战。如果伪卫星的发射机安装在飞船的底部，则它的位置可以通过地面上的接收机阵使用倒定位方法来精确确定。此外，伪卫星可以看做是一个额外的 GPS 卫星，利用它将改善基于 GPS 导航定位系统的精度、可用性、可靠性和完好性。

日本的 Tsujii 等人提出了一种在基于飞艇的同温层平台(Straospheric PlatForm，SPF)上使用伪卫星定位导航服务的概念。飞艇约在 20 km 的高度，因此伪卫星和用户之间的距离为 20 km～70 km。这时，远-近问题不再像地基伪卫星应用中那样严重。在这个概念中，伪卫星信号在码和载波相位导航定位中被认为是一个额外的卫星信号[91, 92]。

6.10 确定同步轨道的卫星位置

在同步轨道观测的 GPS 卫星的数量一般不足四颗，不足以维持正常意义上的 GPS 定位解算。如果要得到正确的导航定位结果，有几种方法可以选择，其中一种方法是 GPS 卫星结合地面伪卫星的方案。该方案的具体做法是：

在地面精确测绘的点上设置类似于 GPS 卫星的伪卫星系统，选择合理的布局，以供在其上方的飞行器进行导航定位。地面伪卫星发射类似于 GPS 导航卫星的信号，在空间飞行器上的用户接收机接收 GPS 卫星信号和伪卫星信号。

该方法可以较经济地用于确定同步轨道的卫星位置。

6.11 使用伪卫星求解模糊度

假如不使用伪卫星，求解载波相位整周模糊度的方法从大的方面可分为三种：搜索法、过滤法和几何法(实际的算法是三种方法的组合使用)。这三种方法开始都需要一个初始位置或轨迹的估计值，这个估计值一般从码-相位测量值得到。搜索法和过滤法还需要初始位置估计值的误差估计。这三种方法所需的时间都很长。

伪卫星可以使运动着的接收机内的几何算法快速、可靠地初始化载波-相位模糊度。当接收机经过伪卫星时，从伪卫星指向接收机的视线矢量扫过一个大的角度，几秒钟内角度从 60° 变化到 90°。这个变化生成一个条件数好的可用来求解整周模糊度的几何矩阵。从这个矩阵计算出的 GDOP 可完整地表述这个解的精度[8]。

6.12　其他用途

实际上，伪卫星的应用只受限于人们的想法。伪卫星还可以用来检测水坝和桥梁的变形，在车间给用来自动装卸货物的车辆定位等。只要人们能想到的地方，伪卫星都会有用武之地，这有待于人们在实际中探索研究。将来如有可能，还可以将伪卫星与手机的基站或直放站结合起来为用户提供定位结果。

其他待研究的相关课题及主要成果

7.1 其他待研究的相关课题

本书对用于 CAPS 的直接测距伪卫星的研制进行了详细阐述，该伪卫星可以用来解决 CAPS 星座几何布局不理想、定位精度不高的问题，可以改善星座的布局结构，显著地提高系统的定位精度。此外，通过伪卫星提供的额外测距源，还可以改善 CAPS 的可用性和完好性。

伪卫星的设计在我国还属于一个全新的领域，在信号体制上借鉴了 GPS 和国外的伪卫星技术，以便于工程实现。使用伪卫星的难点是远-近问题，本书在信号体制上采用了“时间分割调制”的 CDMA/TDM 信号体制方案，以避免远-近问题。

书中对基于时间分割调制方式进行了仿真。在此基础上，分别对“正弦波调制方案”和“方波调制方案”两种信号中频调制方法进行仿真，从系统的实用性、经济性考虑选择了“方波调制方案”，提出了基于软件无线电思想的“方波调制方案”的硬件平台——综合基带子系统的实现方案。综合基带子系统以 FPGA 为核心，在 FPGA 上实现信号的扩频、开关调制及中频调制。实测信号表明，该平台产生的信号是完全符合技术指标要求的。最后，对综合基带子系统的时延进行了仿真和测量。

要想对实际的伪卫星效果进行验证，还需要研制 CAPS 伪卫星接收机。但是由于某些原因，CAPS 伪卫星接收机没有能够及时进行研制，因此伪卫星对 CAPS 的实际作用和增强效果就只能处于仿真阶段。不过，研制的伪卫星应当能达到预期的作用和效果，因为有 GPS 伪卫星应用的实际效果，而 CAPS 信号本身，包括所研制伪卫星也是借鉴了 GPS 的信号体制和技术的。

另外，伪卫星应用为未来的应用和研究提供了大量的课题，相信一定会有更多、更好的技术运用到伪卫星中来，并创造出更多的伪卫星应用和技术。

7.2 主 要 成 果

本书涉及的主要成果和创新点如下：

(1) 在 CAPS 项目中，第一次提出了 CAPS 伪卫星可以用于克服仅使用同步地球轨道卫星作为导航星座时星座 GDOP 不理想的局限性。

(2) 参与 CAPS 伪卫星的总体设计、系统集成和系统联调，研制了一个移动式的车载伪卫星。

(3) 完成了伪卫星的监控系统的设计和研制开发，已经成功地运用到研制的伪卫星系统中。

(4) 对伪卫星信号“正弦波调制方案”和“方波调制方案”进行了仿真，仿真结果验证了“方波调制方案”能够符合要求，并对硬件设计产生了作用。

(5) 在方波调制方案的基础上，提出了其硬件载体——综合基带的实现方案及其工作流程。

(6) 完成了伪卫星时延的测量，时延测量误差为纳秒级。

(7) 展望了伪卫星的应用前景，并对伪卫星应用中的一些问题进行了研究和探索。

(8) 对伪卫星的种类和使用伪卫星的定位进行了研究。

参考文献

[1] 中国参与伽利略计划有助提高国家安全[OL]. http: //event. ynet.com/view.jsp? oid =7186329.

[2] 艾国祥，施浒立，颜毅华. 中国天文定位导航系统设想[R]. CAPS 资料，2012.

[3] 中国科学院国家授时中心，国家天文台，上海微系统与信息技术研究所. 中国天文定位系统（CAPS）概念性方案报告[R]. CAPS 资料，2003.

[4] 张守信. GPS 技术和应用[M]. 北京：国防工业出版社，2003.

[5] 伪卫星技术[OL]. http://www.eastcoms.net/auto/com/110gsm/index.php3?file=Detail.php3&nowdir=&id=82330.

[6] HARRINGTON R L，DOLLOFF J T. The Inverted Range：GPS User Test Facility[C]. IEEE PLANS '76，San Diego，California，1976：204-211.

[7] BESER J，PARKING B W. The Application of NAVSTAR Differential GPS in the Civilian Community[J]. Navigation，1982，29(2)：107-136.

[8] COBB H S. GPS Pseudolite：Theory，Design，and Applications[D]. Stanford University，1997.

[9] SPILKER J. A Family of Split Spectrum GPS Civil Signal[C]. Proceedings of ION-GPS-98，Nashville，TN，1988：1905-1914.

[10] STONE J M，Le MASTER E A，POWELL J D，ROCK S. GPS Pseudolite Transceivers and Their Applications[C]. Proceedings of US ION National Meeting，San Diego，California，1999：415-424.

[11] Le MASTER E A. Self-Calibrating Pseudolite Arrays：Theory and Experiment[D]. Stanford University，2002.

[12] LEE H Y，WANG J，RIZOS C. Kinematic Positioning with an Integrated GPS/Pseudolite/INS[C]. 2nd Symp. on Geodesy for Geotechnical & Structural Applications，Berlin，Germany，2002：314-325.

[13] STANSEL T A Jr. RTCM SC-104 Recommended Pseudolite Signal Specification，Global Positioning System[J]. The US Institute of Navigation，1986，1(3)：117-134.

[14] HOLDEN T, MORELY T. Pseudolite Augmented DGPS for Land Applications[C]. Proceedings of US Institute of Navigation GPS-97, Kansas City, Missouri, 1997: 1397-1404.

[15] DAI L J, RIZOS C, HANS, S. Application of Pseudolites in Deformation Monitoring System[C]. 10th FIG Symposium on Deformation Measurements, Orange, California, USA, 2001: 11-22.

[16] Le MASTER E A, ROCK S. Mars Exploration Using Self-Calibrating Pseudolite Arrays[C]. Proceedings of US Institute of Navigation GPS-99, Nashville, Tennessee, 1999: 1549-1558.

[17] HEIN G W, EISSFELLER B, WERNER W, etc.. Practical Investigation on DGPS for Aircraft Precision Approaches Augmented by Pseudolite Carrier Phase Tracking[C]. Proceedings of US Institute of Navigation GPS-97, Kansas City, Missouri, 1997: 1851-1860.

[18] WEISER M. Development of a Carrier and C/A-Code Based Pseudolite System[C]. Proceedings of US Institute of Navigation GPS-98, Nashville, USA, 1998, 9: 1465-1475.

[19] WANG J. An Approach to Glonass Ambiguity Resolution[J]. Journal of Geodesy, 2000, 74(5): 421-430.

[20] STONE J M, Le MASTER E A, POWELL J D, ROCK S. GPS Pseudolite Transceivers and Their Applications[C]. Proceedings of US ION National Technical Meeting, San Diego, California, 1999: 415-424.

[21] O'KEEFE K, SHARMA J, CANNON M E, LACHAPELLE G. Pseudolite-based Inverted GPS Concept for Local Area Positioning[C]. Proceedings of US Institute of Navigation GPS-99, Nashville, Tennessee, 1999: 1523-1530.

[22] COHEN C E, PERVAN B S, COBB H S, etc.. Real Time Cycle Ambiguity Resolution Using a Pseudolite for Precision Landing of Aircraft with GPS[C]. The 2nd International Symposium on Differential Satellite Navigation Systems DSNS '93, Amsterdam, The Netherlands, 1993: 171-178.

[23] WANG J. Pseudolite Applications in Positioning and Navigation: Progress and Problems[J]. Journal of Global Positioning Systems, 2002, 1(1): 48-56.

[24] DOVIS F, KANDUS G, MAGLI E, OLMO G. Integration of stratospheric Platforms within the GNSS2 System[C]. Proceedings of GNSS-2000,

Edinburgh，U.K.，2000.
[25] 袁建平，罗建军，岳晓奎，等. 卫星导航原理与应用[M]. 北京：中国宇航出版社，2003.
[26] COBB S，O'CONNOR M Pseudolites：Enhancing GPS with Ground-Based Transmitters[J]. GPS World，1998，9(3)：55-60.
[27] Elrod B D，Van DIERENDONCK A J. Testing and Evaluation of GPS Augmented with Pseudolites for Precision Approach Applications[C]. In Proceedings of DSNS'93：2nd International Symposium on Differential Satellite Navigation Systems，Amsterdam，The Netherlands，1993
[28] STANSELL T A Jr. RTCM SC-104 Recommended Pseudolite Signal Specification，Global Positioning System[J]. The Institute of Navigation，1986，3：117-134.
[29] MADHANI P H，AXELRAD P，KRUMVIEDA K，THOMAS J. Mitigation of the Near-Far Problem by Successive Interference Cancellation[C]. Proceedings of US Institute of Navigation GPS-2001，Salt Lake City，Utah，2001：148-154.
[30] SVEN MARTIN. Antenna Diagram Shaping for Pseudolite Transmitter Antennas：A Solution to the Near-Far Problem[C]. ION GPS Meeting Proceedings，1999：1473-1482.
[31] SODERHOLM S，JUHOLA T，SAARNIMO T，KARTTUNEN V. Indoor Navigation Using a GPS Receiver[C]. Proceedings of US Institute of Navigation GPS-2001，Salt Lake City，Utah，2001：1479-1486.
[32] BARTONE C. Advanced Pseudolite for Dual-Se Precision Approach Applications[C]. Proceedings of the International Technical Meeting of the Satellite Division of the Institute of Navigation ION GPS-96，1996，9：95-105.
[33] 施浒立，吴海涛，孔宪正. CAPS/C 伪卫星站研制要求[G]. 中国科学院国家天文台：CAPS/C 伪卫星技术组，2004.
[34] 查光明，熊贤祚. 扩频通信[M]. 西安：西安电子科技大学出版社，1997.
[35] 沈允春. 扩谱技术[M]. 北京：国防工业出版社，1995.
[36] 霍姆斯 J K. 相干扩展频谱系统[M]. 梁振兴，蔡开基，译. 北京：国防工业出版社，1991.
[37] Elliott D Kaplan. GPS 原理与应用[M]. 邱致和，等，译. 北京：电子工

业出版社，2002.

[38] STEIN B A，TSANG W L．COTS GPS C/A-Code Receivers with Pseudolites for Range PLS Application[J]．Position Location and Navigation Symposium，1990，1(1)：191-197.

[39] 卢小春．CAPS 信号体制设计分析方案[G]．中国科学院国家授时中心，2003.

[40] 张贤达，保铮．通信信号处理[M]．北京：国防工业出版社，2000.

[41] Analog Device Inc.．AD9857 Data Sheet[OL]．http://www.analog.com，2000.

[42] 耿建平，张福洪，栾慎吉．CAPS 伪卫星系统综合基带子系统串口通信协议[G]．中国科学院国家天文台，2004.

[43] 张立科．单片机典型模块设计实例导航[M]．北京：人民邮电出版社，2004.

[44] 张越，等．GPS 共视定时参数详解[G]．中国计量科学研究院.

[45] Allan D W，Weiss M A．Accurate Time and Frequency Transfer during Common-View of a GPS Satellite[C]．In Proceedings of the 34th Annual Symposium on Frequency Control，1980：334-346.

[46] Allan D W，Weiss M A．Accurate Time and Frequency Transfer during Common-View of a GPS Satellite[J]．Proc. Frequency Control Symposium，1980，5：334-336.

[47] 施浒立，孙希延，李志刚．转发式卫星导航原理[M]．北京：科学出版社，2009.

[48] 李志刚，李焕信，张虹．卫星双向法时间比队的归算[J]．天文学报．2002，11，43(4)：423-425.

[49] IMAE M，HOSOKAWA M，IMAMURA K，etc.．Tow-way Satellite Time and Frequency Transfer Network in Pacific Rim Region[J]．IEEE Trans. on Instrumentation and Measurement，2001，50(2)：559-562.

[50] 边玉敬．CAPS/C 伪卫星站时频参考子系统设计方案[G]．中国科学院国家授时中心，2004.

[51] 卢晓春，吴海涛，郭际．CAPS 导航电文[G]．中国科学院国家授时中心，2004.

[52] CAPS 伪卫星项目研制小组．CAPS 伪卫星系统室内联调报告[R]．杭州电子科技大学通信工程学院，2005.

[53] 袁良勇．CAPS 伪卫星站系统方舱及集成设计方案[G]．深圳国人通信公

司，2004.

[54] 朱文耀．伪卫星C波段应用于CAPS的初步设想和仿真计算结果[G]．中国科学院上海天文台，2004.

[55] 施浒立．CAPS战区导航系统设想[R]．CAPS资料，2003.

[56] MISRA P，ENGE P．Global Positioning System：Signals，Measurements，and Performance[M]．Lincoln，Massachusetts：Ganga-Jamuna Press，2001.

[57] FORD T，NENMANN J，PETERSEN W，etc.．HAPPI：A High Accuracy Pseudolite/GPS Positioning Integration[R]．9th Int. Tech. Meeting of the Satellite Division of the U.S. Inst. of Navigation GPS ION-96，Kansas City，Missouri，1996：63-70.

[58] KUNYSZ W．A Three Dimensional Choke Ring Ground Plane Antenna[C]．Proceedings of the 16th Int. Tech. Meeting of the Satellite Division of the U.S. Inst. of Navigation，Portland，Oregon，2003：1883-1888.

[59] STOLK K，BROWN A. Phase Center Calibration and Multipath Test Results of a Digital Beam-Steered Antenna Array[C]．Proceedings of the 16th Int. Tech. Meeting of the Satellite Division of the U.S. Institute of Navigation，Portland，Oregon，2003：1889-1897.

[60] BARLTROP K J，STAFFORD J F，ELROD B D．Local DGPS with Pseudolite Augmentation and Implementation Considerations for LASS[C]．9th Int. Tech. Meeting of the Satellite Division of the U.S. Inst. of Navigation GPS ION-96，Kansas City，Missouri，1996：449-459.

[61] GUTTORM RINGSTAD OPSHAUG. A Leapfrog Navigation System[D]. Stanford University，2003.

[62] WEISS J P，ANDERSON S，AXELRAD P．Multipath Modeling and Test Results for JPALS Ground Station Receivers[C]．Proceedings of the 16th Int. Tech. Meeting of the Satellite Division of the U.S. Inst. of Navigation，Portland，Oregon，2003：1801-1811.

[63] Van DIERENDONCK A，FENTON P，FORD T．Theory and Performance of Narrow Correlator Spacing in a GPS Receiver[J]．Navigation，1992，39(3)：265-283.

[64] IRSIGLER M，EISSFELLER B．Comparison of Multipath Mitigation Techniques with Consideration of Future Signal Structures[C]．Proceedings of the 16th Int. Tech. Meeting of the Satellite Division of the U.S. Inst. of

Navigation，Portland，Oregon，2003：2584-2592.

[65] SOON B H K，POH E K，BARNES J，etc.. Flight Test Results of Precision Approach and Landing Augmented by Airport Pseudolites[C]. Proceedings of the 16th Int. Tech. Meeting of the Satellite Division of the U.S. Institute of Navigation，Portland，Oregon，2003：2318-2325.

[66] BARNES J，RIZOS C，WANG J，etc.. High Precision Indoor and Outdoor Positioning Using LocataNet[C]. 2003 Int. Symp. on GPS/GNSS，Tokyo，Japan，2003：9-18.

[67] Wang J G，Wang J，Lee H K，etc.. Tropospheric Delay Estimation for Pseudolite Positioning[R]. The 2004 International Symposium on GNSS/GPS，Sydney，Australia，2004.

[68] RTCA. GNSS Based Precision Approach Local Area Augmentation System (LASS)-Signal-in-Space Interface Control Document (ICD)[S]. RTCA/DO-246A，Radio Technical Commission for Aeronautics，2000.

[69] BIBERGER R J，TEUBER A，PANY T，HEIN G W. Development of an APL Error Model for Precision Approaches and Validation by Flight Experiments[C]. ION GPS/GNSS 2003，Portland，OR，2003：2308-2317.

[70] BOUSKA C T J，RAQUET J F. Tropospheric Model Error Reduction in Pseudolite Based Positioning Systems[C]. ION GPS/GNSS 2003，Portland，OR，USA，2003：390-298.

[71] HEIN G W，EISSFELLER B，WERNER W，etc.. Practical Investigation on DGPS for Aircraft Precision Approaches Augmented by Pseudolite Carrier Phase Tracking[C]. 10th Int. Tech. Meeting of the Satellite Division of the U.S. Inst. of Navigation，Kansas City，Missouri，1997：1851-1860.

[72] WANG J，LEE H K. Impact of Pseudolite Location Errors on Positioning[J]. Geomatics Research Australasia，2002，77：81-94.

[73] DAI L，WANG J，TSUJII T，RIZOS C. Pseudolite Applications in Positioning and Navigations：Modeling and Geometric Analysis[C]. Int. Symp. on Kinematic Systems in Geodesy，Geomatics & Navigation，Banff，Canada，2001：482-489.

[74] Changdon Kee, Doohee Yun, Haeyoung Jun, Bradford Parkinson, Sam Pullen, Tom Lagenstein. Centimeter Accuracy Indoor Navigation Using GPS-Like Pseudolite[J]. GPS World，2001.

[75] PAUL ALVES，SANDY KENNEDY，KYLE O'KEEFE. Local Area Pseudolite Based Inverted Positioning System[R]. ENGO 500 Final Report. 2000：4-5.

[76] DAI L，WANG J，TSUJII T，RIZOS C. Pseudolite Applications in Positioning and Navigation : Modeling and Geometric Analysis[C]. Proceedings of KIS 2001，Banff，Canada，2001.

[77] 王贤南. GPS 原理与应用[M]. 北京：科学出版社，2003.

[78] RAPPAPORT T S，SANDHU S. Radio-Wave Propagation for Emerging Wireless Personal-Communication Systems[J] . IEEE Antennas and Propagation Magazine，1994，36(5)：14-23.

[79] PAHLAVAN K，KRISHNAMURTHY P，BENEAT J. Wideband Radio Propagation Modeling for Indoor Geolocation Applications[J] . IEEE Communication Magazine，1998，4：60-65.

[80] PETERSON B B，KMIECIK C G，NGWEN H，KASPAR B. Indoor Geolocation System Operational Test Results[J]. Navigation，2000，47(3)：157-166.

[81] 刘基余. GPS 卫星导航定位原理与方法[M]. 北京：科学出版社，2003.

[82] HEIN G. W. Personal Communications[M]. 2002.

[83] CANNON M E. Airbone GPS/INS with an Application to Aerotriangulation[D]. USCE Report no. 20040，Dept. of Geomatics Engineering，University of Calgary，1991.

[84] LEE HUNG KYU，WANG JINLING，RIZOS CHRIS. GPS/Pseudolite/INS Integration：Concept and First Tests[J]. GPS Solutions，2002，6：34-46.

[85] HILL J M，PROGRI I F. Techniques for Reducing the Near-Far Problem in Indoor Geolocation Systems[C]. Proc. of ION NTM-2001，Long Beach，CA，2001：860-865.

[86] PROGRI I F，MICHALSON W R. An Alternative Approach to Multipath and Near-Far Problem for Indoor Geolocation Systems[C]. Proc. of ION GPS-2001，Salt Lake City，UT，2001.

[87] ZIMMERMAN K R，CANNON R H. Experimental Demonstration of an Indoor GPS Based Sensing System for Robotic Applications[J]. Navigation，1996，43(4).

[88] KIM DON. Use of Pseudolites for Underground Navigation[J]. Navigation，

2003，10.

[89] 美伊战争中 GPS 信号的干扰和抗干扰[OL]. http://www.cast.ac. crdcbw/OJTK/200309/4.htm.

[90] 关注 GPS 如何“变脸”[OL]. http://www.chinamil.com.cn/gb/defence/2002/11/19/20021119017075_khdh.html.

[91] DAI LIWEN, WANG JINLING, TSUJII TOSHIAKI, RIZOS CHRIS. Inverted Pseudolite Positioning and Its Applications. Survey Review [J]，2001.

[92] TSUJII T, RIZOS C, WANG J, etc.. A Navigation/Positioning Service Based on Pseudolites Installed on Stratospheric Airships[C]. 5th Int. Symp. on Satellite Navigation Technology & Applications, Canberra, Australia, 2001.

